职业版

培训专家
Training Expert

Photoshop CS4 中文版

基础与实例教程

（职业版·第2版）

彭宗勤　　　　主编

李玲玲　李庆亮　副主编

飞思教育产品研发中心　监制

U0146753

电子工业出版社.

Publishing House of Electronics Industry

北京·BEIJING

内 容 简 介

Photoshop 是平面设计中首选的图像处理工具。本书是一本关于如何使用 Photoshop 进行设计的优秀教材，由浅入深，以软件功能为线索，运用实际案例，循序渐进地讲解 Photoshop 的使用方法和技巧，内容涉及广泛，能使读者做到活学活用。

全书分为 11 章，内容包括：平面设计与 Photoshop、Photoshop 基本操作、工具的应用、路径与形状的应用、色彩的调整、图层的应用基础、图层的混合和样式、使用通道与蒙版制作图像、滤镜的应用、文字的应用、平面设计综合应用。教学过程中精选了各类案例，以"知识点+案例"的设计思路，让您学得轻松，学完后可提高综合应用的能力。

随书所付光盘包含实例源文件、素材及视频教学文件。

学习完本书后，使读者能够领悟到图像设计需要掌握的各种知识和技能。本书适合 Photoshop 初、中级用户作为自学教材，也可作为大、中专院校和相关培训学校的教材。

图书在版编目（CIP）数据

Photoshop CS4 中文版基础与实例教程：职业版 / 彭宗勤主编.2 版.—北京：电子工业出版社，2010.1

（培训专家）

ISBN 978-7-121-09907-6

Ⅰ. P… Ⅱ.彭… Ⅲ.图形软件，Photoshop CS4－教材 Ⅳ.TP391.41

中国版本图书馆 CIP 数据核字（2009）第 211148 号

责任编辑：杨 鸫 赵树刚

印　　刷：北京京师印务有限公司

装　　订：

出版发行：电子工业出版社

　　　　　北京市海淀区万寿路 173 信箱　邮编：100036

开　　本：787×1092　1/16　印张：21.75　字数：556.8 千字

印　　次：2010 年 1 月第 1 次印刷

印　　数：5 000 册　　　定价：36.80 元（含光盘 1 张）

凡所购买电子工业出版社图书有缺损问题，请向购买书店调换。若书店售缺，请与本社发行部联系，联系及邮购电话：（010）88254888。

质量投诉请发邮件至 zlts@phei.com.cn，盗版侵权举报请发邮件至 dbqq@phei.com.cn。

服务热线：（010）88258888。

关于"培训专家"丛书

电脑的日益普及，大大改变了各行各业的工作方式和人们的生活方式，越来越多的人在学习电脑、掌握软件，努力与现代信息社会接轨。

在这种需求下，各种电脑培训学校、培训班，如雨后春笋般地诞生。许多学校把非计算机专业学生掌握基本的电脑技能纳入教学计划中，并有了成体系的规划。根据调查显示，目前市场上虽然有种类繁多的电脑基础书籍，但很多培训学校还苦于很难找到真正适合师生需求的教材。

"培训专家"丛书是电子工业出版社**专门面向培训学校开发的专业培训教材**，自 2002 年上市后取得了很好的销售业绩，目前已经成为市场上一个知名度较高的培训教材品牌。为了更好地适应现在的培训市场需求，今年我们对此系列进行了升级改版，**突出为职业培训量身定制的特色，满足就业技能的教育需求**，更加贴近广大读者日益增长的职业化需求。我们在继承原有"培训专家"系列图书特色的基础上，进一步把内容做"精"，把形式做"活"，聘请长期从事计算机就业培训班教学的老师倾力写作，更加突出了本套图书的两个最主要的编写目的：一是让培训班的老师上课时便于教学；二是方便读者理解和阅读，用最少的时间和金钱去获得更多的知识，从而能更好地应用于实际工作中。本丛书的特色在于：

- **以国内流行的 IT 职位需求为切入点，一切为就业应用服务**

现在众多的社会培训是面向认证的，可以说是学历教育的翻版。事实上证书只是进入 IT 行业的敲门砖而已，能否胜任职位工作，要看实际掌握的技能。本套丛书除了适合做培训认证的教材外，也同样适合作为面向职位的就业技能培训教材。

- **即学即用，手把手传递职场第一手技能**

本套丛书以提高学员素质为目标，以岗位技能培训为重点，既强调相关职业通用知识和技能的传授，又强调特定知识与技能的培养。

- **目标式案例教学，紧扣培训学校教学需求**

没有一种学习方法比通过完整案例边学边练学得好、学得快，这也是我们多年成功开发培训教材的经验积累。本套丛书采用实用易学的案例贯穿始终，凡关键之处必有案例，在学习的过程中掌握软件的使用方法与技巧。

- **结构设置符合读者需要**

教程的章节概述使培训和学习做到有章可循，课后的思考题可以帮助读者巩固学习成果，举一反三，进而充分体现出培训教材的全面性及专业性。在保证教学效果的前提下，本丛书的作者还毫无保留地将现实工作中大量非常实用的经验、技巧收集起来，精心编写了"加分锦囊"穿插于每课的讲解中，希望可以帮助读者更出色地完成工作。

- **图例解说式的写作手法**

在书中尽量以活泼直观的图例方式来取代文字说明，是为了让读者真正直观地学习，大大减少思考的时间，从而使学习的过程更加轻松有效。

关于本书

Photoshop 是 Adobe 公司出品的图形图像处理与设计软件，广泛应用于广告、印刷、出版、网页设计等行业，是平面设计中首选的图像处理工具。

本书采用"设计知识+软件功能+实际案例"的构思，重点是在学习过程中如何避免虽然学会了软件，但在制作图像上却上不了台阶的现象。

学习完本书后，使您能够领悟到图像设计需要掌握的各种知识和技能。

全书共分为 11 章，具体如下。

第 1 章 平面设计与 Photoshop：讲解了平面设计的基本概念、使用 Photoshop 进行基本设计的方法和流程、熟悉 Photoshop CS4 的操作环境。

第 2 章 Photoshop 基本操作：是经过提炼而得到的章节，其中都是一些理论性的知识，以及在图像处理过程中需要频繁运用的基本操作，供您在学习过程中随时查看。

第 3 章 工具的应用：以应用工具的角度着手，讲解了各类工具的使用方法及它们在实际中的具体应用。

第 4 章 路径与形状的应用：讲解了路径和形状的绘制和编辑方法，以及它们在抠取图像和制作特殊图形过程中的应用技巧。

第 5 章 色彩的调整：讲解了处理图像时的色彩调节方法，其中运用了大量典型存在缺陷的数码照片素材，对其进行修正处理。

第 6 章 图层的应用基础、第 7 章 图层的混合和样式：讲解了图层的概念和基本操作方法，以及"混合模式"和"图层样式"在合成图像、制作立体感和质感上的应用。

第 8 章 使用通道与蒙版制作图像：剖析了"通道"、"图层蒙版"和"快速蒙版"的一些特性，以及利用它们制作一些复杂元素和特效的方法。

第 9 章 滤镜的应用：介绍了各类内置滤镜的功能和使用方法，以及滤镜的综合应用实战。

第 10 章 文字的应用：文字是平面设计中比较重要的元素之一，介绍了 Photoshop 中强大的文字处理功能，包括常规的文字输入、制作变形的文字、制作路径文字及制作各种精美的艺术字效果。

第 11 章 平面设计综合应用：介绍了平面设计中各类案例的综合应用，通过学习可以全面温习前面学习的知识要点。具体案例包括海报设计、招贴设计、广告设计、标志设计、网页设计。

本书主编为彭宗勤（负责教材提纲设计、稿件主审，并编写第 8 章），副主编为李玲玲（负责稿件初审，并编写第 4 章、第 5 章）、李庆亮（负责视频教程开发并编写第 1 章）。本书编委有徐景波（负责编写第 2 章和第 3 章）、周倩（负责编写第 6 章、第 7 章）、李卫东（负责编写第 9 章到第 11 章）。在编写过程中，我们力求精益求精，但难免存在一些错误和不足之处，敬请广大读者批评指正。

飞思教育产品研发中心

e **联系方式**

咨询电话：（010）88254160　88254161-67

电子邮件：support@fecit.com.cn

服务网址：http://www.fecit.com.cn　　http://www.fecit.net

通用网址：计算机图书、飞思、飞思教育、飞思科技、FECIT

目　录

第 1 章　平面设计与 Photoshop

内容简介

在本章中，我们将从平面设计的基本概念来引出 Photoshop 的切入点，讲解通过 Photoshop 软件如何进行平面设计的方法，在学习过程中如何避免虽然学会了软件，但在制作图像上却上不了台阶的现象，以及掌握对 Photoshop CS4 的基本操作方法。

本章导读

- 平面设计的概念。
- 平面设计与 Photoshop 的结合。
- 熟悉 Photoshop CS4 的界面。

1.1　认识平面设计

对于设计的解释方法有许多种，因应用领域的不同而不同，每一种都有自己独到的特点。

1.1.1　平面设计的概念

总体而言，设计指的是做一件具有创造性的事情，通过设计可以表达一种思想、一种思路、一种人文理念。

平面指的是二维空间的范围，平面设计指的是在二维空间里做一件可以体现思想、思路或人文理念的事情，如在平面中放置诸多元素、每个元素需要确定其位置和大小，还需要设置色彩、外形等特点，所有处理好的元素组合在一起，这就成了一个平面设计的作品。

从以上分析，可以给平面设计下一个定义：平面设计是在二维空间中，利用合理的制作工具和手段，制作出合理的元素、合理的色彩搭配，通过合理的组合方式达到一种视觉传达，从而合理地表达想要表达的思想。

平面设计应用的领域十分广泛，如广告、印刷、出版、网页设计等行业都离不开平面设计，如图 1-1 和图 1-2 所示为用 Photoshop 制作出的平面设计作品。

图 1-1　广告设计

图 1-2　网页设计

1.1.2　平面设计的常用软件

用来进行平面设计的软件有许多，如 Photoshop、CorelDRAW、Illustrator、Freehand、PageMaker 等，如何根据自己的需要选择合适的工具呢？

总体而言，平面设计的各种工具可以分为以下 3 类。

- 图像处理：主要以处理位图图像为主，最流行的就数 Adobe 公司的 Photoshop，目前最新版本是 Photoshop CS4，它几乎支持所有的色彩模式和图像格式，所生成的文件可以与众多图形图像软件相兼容。
- 以绘制矢量图形为主：这类软件比较多些，如 Illustrator、CorelDRAW、Freehand，这 3 个软件的主要功能基本一致，这些软件在印前制版领域和绘制插画中使用得较多，均可支持多页编排。

● 排版软件：主要有 PageMaker、InDesign、方正飞腾等几个。其中 InDesign 也是 Adobe 出品的软件，它是 PageMaker 下一代升级软件；方正飞腾中用得比较多的是报纸排版软件，主要用于编排报纸版面，该软件同时还能按照用户需要编排所有宣传品。

在平面设计中，图像、图形、文字是三大基本元素，不同的软件在操作功能上各有千秋，但对于任何一位设计人员来说，熟练掌握一款图像处理软件和一个图形绘制软件都是必需的。

1.2　使用 Photoshop 进行设计

用 Photoshop 处理并制作图像的基本过程可以分 4 个流程：合成图像、调整图层、调整色彩和添加特效，而每个流程里面又都有各自不同的实现方式和效果。

在制作过程中需要注意以下几点。

1）合理的元素制作

每个平面设计的作品都是通过各种元素来表达思想的，而制作元素的合理性、是否能被人理解就直接关系到所表达的思想是不是能展现出来，元素能不能制作得合理，与制作者掌握的知识有很紧密的关联，建议制作者应该学习物体基本成型的原理和有关素描的知识。

2）合理的色彩搭配

色彩是非常重要的视觉传达方式，各种色彩每天不断地充斥着我们的眼睛，通过色彩的观察，理解色彩的情绪，提高了我们对事物的判断能力，也出现了无数种理解的方式，能否合理地应用好色彩成为平面设计里重要的环节，也是一名设计者水平高低的重要标志。比如我们在选择服装时，在没有看到款式之前，颜色搭配是否符合自己的标准成为购物者第一感觉。对于一个初学者来说，把大量的时间用在色彩合理应用的学习上，是一个不错的学习方法。

3）合理的元素组合

对于平面设计，元素的大小、位置、相互之间的对比，能体现一个作品的视觉重点、主次关系，设计的整体均衡。当然在不同的设计应用里，会由不同的方式来体现。比如广告牌大多宣传重点的文字部分，面积往往很大很突出，色彩对比也比较强烈，目的就是让人一眼看清宣传的重要内容。而一幅精美的海报设计往往通过画面的震撼感来表达思想，文字并没有成为重要的突出部分。这就是在不同的宣传方式中会有不同的元素组合方式。组合方式的合理与否直接影响到视觉效果。

1.3　认识 Photoshop CS4

在使用 Photoshop 之前，首先需要获得该软件的安装盘，然后进行安装。安装了 Photoshop CS4 后，再来启动它，启动后的 Photoshop CS4 的工作界面如图 1-3 所示。

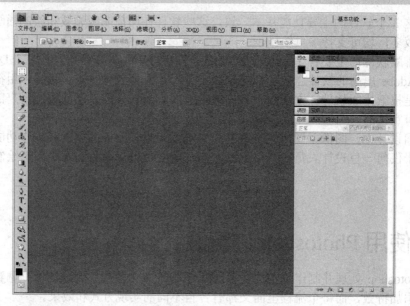

图 1-3 启动后的 Photoshop CS4 工作界面

1.3.1 工作界面的组成

我们先来打开一张图片，然后来熟悉它的工作界面。

 专家点拨：

在 Photoshop 中打开一幅图片，便于更好地熟悉其操作界面上各元素的功能。

从菜单栏上选择"文件"→"打开"命令，弹出"打开"对话框，选中一幅图像，如图 1-4 所示。

图 1-4 "打开"对话框

选择图片后在对话框中单击"打开"按钮，图像就在 Photoshop 中被打开了，如图 1-5 所示。

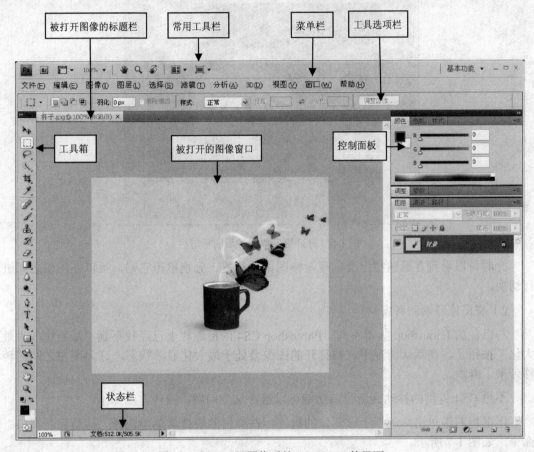

图 1-5　打开一幅图像后的 Photoshop 的界面

Photoshop 的工作界面主要由图像标题栏、菜单栏、常用工具栏、工具箱、工具选项栏、图像窗口、控制面板、状态栏几个部分组合而成。

1.3.2　各组成部分的说明

下面我们介绍各组成部分的功能。

1．图像标题栏

这里显示当前打开的图像名称，以及显示了图像的显示比例和图像色彩模式。

1）打开多幅图像的标题栏

当打开多幅图像的时候，这里会显示多个图像的标签，如图 1-6 所示是再次打开一幅图像的效果。

图 1-6　打开第二幅图像后的标题栏

此时可以看到在标题栏上会出现两幅图像的标签，分别单击它们，可以在图像之间进行切换。

2）将图像移动到新窗口

与以往的 Photoshop 版本不同，Photoshop CS4 的标题栏上已经找不到"最小化"、"最大化"按钮了。在默认情况下，被打开的图像会处于最大化显示状态，这为图像之间的转移带来了麻烦。

不过 CS4 提供的移动到新窗口功能可以解决这个问题，操作方法如下。

用鼠标右键单击标题栏上该图像的标签，在弹出的快捷菜单中选择"移动到新窗口"命令，如图 1-7 所示。

 专家点拨：

用鼠标拖动图像标签到其他区域，可以快捷地使图像以窗口形式显示。

图 1-7　选择"移动到新窗口"命令

此时，该图像将以窗口的形式显示，如图 1-8 所示，用鼠标拖动图像的标题栏，可以移动图像窗口。

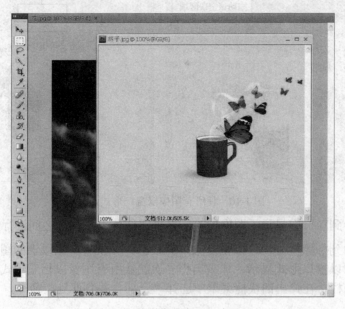

图 1-8 使图像以窗口形式显示

如果想恢复到原来图像标签式的显式模式，则可以拖动窗口显示的图像的标题栏到标签处，释放鼠标。

3）最小化、最大化图像窗口和恢复

图像以新窗口模式显示后，单击"最小化"按钮，可以使图像窗口最小化，此时在界面的左下角会出现一个最小化的图像标签。如图 1-9 所示为最小化"杯子"图像的标签，单击它可以恢复窗口。

图 1-9 最小化图像

图像以新窗口模式显示后，用鼠标双击图像标题栏，或者单击"最大化"按钮，可以让图像最大化显示，此时将满屏显示图像窗口，在处理尺寸比较大的图像时很有用。

当图像窗口处于最大化状态时，单击"恢复"按钮，或者双击标题栏，可以使图像窗口恢复到原来的窗口形式。

4）关闭图像窗口

单击图像标签中的"关闭"按钮，或者对于以窗口化显示的图像，单击标题栏上的"关闭"按钮，都可将当前图像关闭。

如果要一次关闭所有的图像，可以用鼠标右键单击标签，在弹出的快捷菜单中选择"关闭全部"命令。

5）将所有图像以窗口或者标签形式显示

用鼠标拖动标题栏的空白处到其他区域，即可将所有以标签形式显示的图像改变成以窗口形式显示，如图 1-10 所示。

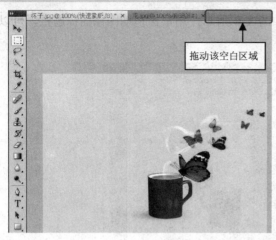

图1-10　使所有图像以窗口形式显示

此时可以看到窗口中显示了图像标签，单击它们可以在图像之间进行切换。

将窗口拖动到标题栏处，可以恢复原来的状态。如果有一幅以上的图像以标签形式显示，其他的图像以窗口形式显示，那么当想一次就让所有图像以标签形式显示，可以用鼠标右键单击标题栏，在弹出的快捷菜单中选择"全部合并到此处"命令，如图1-11所示。

图1-11　选择"全部合并到此处"命令

2．菜单栏

使用菜单栏中的命令可以执行各种操作，在Photoshop CS4中共有11个菜单，分别为："文件"、"编辑"、"图像"、"图层"、"选择"、"滤镜"、"分析"、"3D"、"视图"、"窗口"和"帮助"，用鼠标单击的方式可打开相应的菜单和执行其中的命令。

对图像的许多编辑和处理，都是通过执行菜单中的命令来完成的。

如我们打开一幅图像后来对它进行操作。

（1）执行"滤镜"→"艺术效果"→"水彩"命令，如图1-12所示，

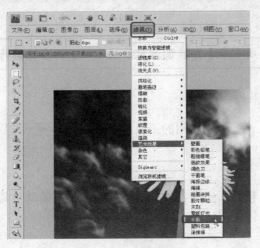

图 1-12　执行命令

（2）弹出"水彩"对话框，在对话框中进行一些设置，如图 1-13 所示。

图 1-13　在对话框中进行相应的设置

（3）设置完后单击"确定"按钮。可以看到图像被添加了一种水彩画效果，如图 1-14 所示。

图 1-14　图像处理前后效果对比

专家点拨：

对于菜单中的所有命令，我们都可以采用以上的步骤进行操作。

3．常用工具栏

该工具栏中放置了一些经常使用的工具，如缩放级别 100%▾ 、抓手工具 ✋ 、缩放工具 🔍 、屏幕模式 ▣▾ 等。

4．工具箱

界面的左边是工具箱，其中有各种处理图像的工具与辅助工具，我们将在第 2 章中详细介绍它们的功能及具体应用。

5．工具选项栏

在菜单栏的下方是"工具选项栏"，在工具箱中选取一种工具后，在这里可以设置所选工具的各种参数，如图 1-15 所示。

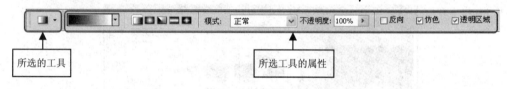

所选的工具　　　　　　　　　　所选工具的属性

图 1-15　工具选项栏

6．图像窗口

图像窗口是图像显示的区域，其中是需要编辑并处理的图像内容。在 Photoshop 中可以打开外部的图像文件，也可以创建新的图像文件，在窗口中可以任意编辑和修改图像，在软件中进行的处理操作结果都将在图像上表现出来。

对图像窗口的操作方法，我们将在"标题栏"中具体介绍。

7．控制面板

界面的右侧是各种控制面板，在其中可以对图像进行合成操作，最常用的是"图层"、"通道"、"路径"和"历史记录"等面板，"图层"面板如图 1-16 所示。在面板的名称选项中，还带有"通道"和"路径"选项卡，分别单击它们可切换到相应的面板，如图 1-17 和图 1-18 所示。

图 1-16　"图层"面板　　　图 1-17　"通道"面板　　　图 1-18　"路径"面板

1）关闭面板

对于暂时不用的面板，为了节省工作空间，可以将其关闭。对于独立出来的面板，可以直接单击面板上的"关闭"按钮 █，将其关闭；对于组合在面板组中的面板，可以打开该面板，然后单击面板右上角的"选项"按钮 █，在弹出的菜单中选择"关闭"命令，如图 1-19 所示。如果选择"关闭选项卡组"命令，那么将关闭该面板组中的所有面板。

2）打开面板

从菜单栏中打开"窗口"菜单，选择其中的相应命令，可以打开或者关闭各种控制面板，如选择"字符"命令，"字符"面板将被打开，如图 1-20 所示。再次选择"字符"命令，可关闭该面板。当面板处于被打开状态时，"窗口"菜单中相应命令的左边会出现一个对钩"√"符号，否则就不会出现，如图 1-21 所示。

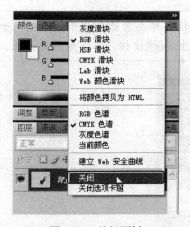 

图 1-19　关闭面板　　　　　图 1-20　"字符"面板　　　　图 1-21　"窗口"菜单

3）折叠和展开面板

单击面板组的标题栏，可以将该面板组折叠起来，再次单击可以展开。

为了获得更广阔的工作空间，我们可以把右侧的所有面板组折叠起来，单击面板组最上方的深灰色条，如图 1-22 所示，可以将面板组折叠起来，如图 1-23 所示，再次单击这个条，可展开。

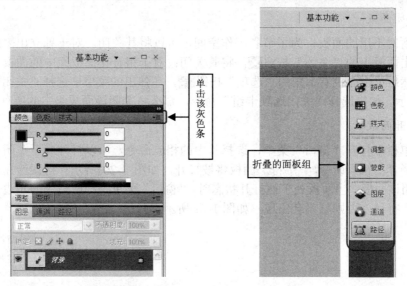

图 1-22　单击面板组最上方的深灰色条　　　　　图 1-23　折叠的面板组

 专家点拨：

　　面板组被折叠后，会在右侧显示一个面板名称栏，单击名称会打开该面板，如图1-24 所示。再次单击或者单击打开面板标题栏上的▶▶按钮，可以隐藏该面板。

图 1-24　利用名称打开面板

4）组合面板

　　我们也可以将组中的面板独立出来，用鼠标按住组中面板的名称并拖出面板组，可以看到，被拖动的面板已经独立出来了，譬如把"通道"面板独立出来，如图 1-25 所示。

　　用鼠标拖动面板的名称到面板组，即可将所拖面板放入组中，譬如打开"历史记录"面板，然后拖动它到"图层"面板组中，如图 1-26 所示。

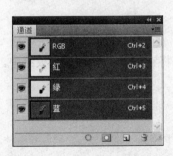

图 1-25 独立出来的"通道"面板 图 1-26 面板组合后的效果

用这种方法，我们可以把常用的面板组合在一起，把不常用的面板关闭，这样，能使工作区域更加广阔，操作时更加快捷。

8．状态栏

界面底部的横条称为状态栏，上面显示了当前图像的显示比例和大小等信息，如图 1-27 所示。

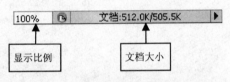

图 1-27 状态栏

在左端的"显示比例"中可输入当前图像的显示缩放比例；中间显示的是文档的大小，单击 ▶ 按钮，会弹出一个下拉菜单，在菜单中可选择此处显示的信息，如图 1-28 所示。

图 1-28 状态栏中显示信息的选择菜单

1.3.3 界面设置中的操作技巧

在用 Photoshop 进行制作和处理图像过程中，为了提高效率，我们常常用一些快捷方式进行设置。

（1）打开常用面板的快捷键：按键盘上的"F7"键，可打开或关闭"图层"面板；按"F5"键，可打开或关闭"画笔"面板；按"F6"键，可以打开或关闭"颜色"面板；按"F8"键，可以打开或关闭"信息"面板；按"F9"键，可以打开或关闭"动作"面板。

（2）按"Tab"键，可在隐藏或显示面板和工具箱之间进行切换。

（3）按"F"键，可在标准屏幕模式、带菜单的全屏模式和全屏模式之间进行切换。

1.4　操作题

1. 练习隐藏工具箱和所有面板。
2. 按照自己需要，打开需要经常使用的面板并将它们一一加入到面板组中。

第 2 章 Photoshop 的基本操作

内容简介

在上一章中介绍了 Photoshop 与平面设计的关系，并熟悉了 Photoshop CS4 的工作环境。在本章中，我们将介绍一些图像方面的知识，以及各种最基本的图像操作方法。

本章导读

- 认识位图和矢量图。
- 认识图像的像素和分辨率。
- 熟悉图像的各种格式及特点。
- 创建、打开和保存图像的方法。
- 改变图像的大小和画布大小。
- 对图像进行变换操作。
- 利用"历史记录"面板对图像进行恢复。

2.1 位图和矢量图

一般来说，以数字方式记录、处理和存储的图像文件，分为位图图像（Bitmap Images，也称为点阵图像）和矢量图像（Vector Graphics，也称为向量图形）。在绘图或图像处理过程中，这两种类型的图像可以相互交叉运用，取长补短。

2.1.1 位图图像

位图图像是由许多色点组成的的，每一个点称为像素（Pixel），每一个像素都有自己特定的位置和颜色值。比如一幅图像的大小为 1024×768 像素，表示这幅图像在宽度上有 1024 个像素，在高度上有 768 个像素。

单位面积内的像素数将决定位图的显示质量和文件大小，单位面积内的像素越多，那么图像的分辨率越高，图像也就表现得越细腻，显示更清晰，但文件所占的体积越大，处理速度越慢。其优点：图像逼真，可以很真实地表现真实生活中的事物。

在处理位图的时候，我们编辑的是像素而不是对象或形状。如果在屏幕上把一幅低分辨率的图像放大到较大的倍数，点阵图像就会出现锯齿状的边缘，如图 2-1 所示。

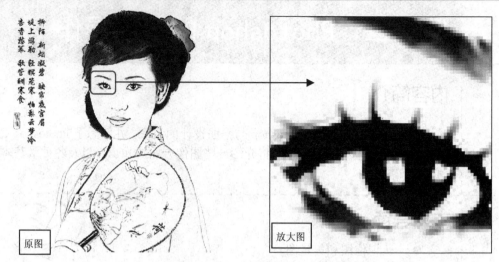

图 2-1　位图示例

用 Photoshop 处理的主要是位图图像，另外还有不少常用的位图图像软件，如 Photoimpact、Painter 等。

2.1.2　矢量图形

矢量图像以数学的矢量方式来记录图像的内容，由直线、曲线、文字和色块组成，如一条直线的数据只需要记录两个端点的位置、直线的粗细和颜色等。

矢量图像的特点是，它与分辨率无关，把它们缩放到任意大小，它的清晰度保持不变，依然保持光滑无锯齿现象，不会发生任何偏差，精确度很高。这种图形常用于标志设计、插画、工程绘图等。矢量图示例如图 2-2 所示。

图 2-2　矢量图示例和被放大后的效果

矢量图像的处理软件有 Illustrator、FreeHand、CorelDRAW、Flash、AutoCAD 等。

2.2　关于图像的基本知识

2.2.1　像素

　　在 Photoshop 中，像素（Pixel）是组成图像的最基本单元，它是一个方形的色块，每个色块有自己特定的位置和颜色值。在 Photoshop 中用缩放工具将图像放大到足够大时，可以看到类似马赛克的效果，一个小方块就是一个像素。一幅图像单位面积内的像素越多，图像的质量就越好，如图 2-3 所示。

原图　　　　　　放大图

图 2-3　图像放大后像素

2.2.2　分辨率

　　分辨率（Resolution）是和图像相关的一个重要概念，它是衡量图像细节表现力的技术参数。分辨率可以分为 4 种类型：图像分辨率、屏幕分辨率、输出分辨率、位分辨率。

1. 图像分辨率

　　图像中每单位长度显示像素（点）的数量，指图像中存储的信息量。这种分辨率有多种衡量方法，典型的是以每英寸的像素数（PPI）来衡量。图像分辨率和图像尺寸（高宽）的值一起决定文件的大小及输出的质量，该值越大图形文件所占用的磁盘空间也就越多。图像分辨率以比例关系影响着文件的大小，即文件大小与其图像分辨率的平方成正比，如图 2-4 与图 2-5 所示。如果保持图像尺寸不变，将图像分辨率提高一倍，则其文件大小增大为原来的 4 倍。

图 2-4 分辨率为 300dpi 时放大 200%的图像显示效果　　图 2-5 分辨率为 72dpi 时放大 200%的图像显示效果

2. 屏幕分辨率

　　屏幕分辨率是显示器上每单位长度显示的像素数目。屏幕分辨率取决于显示器大小，以及其像素设置。理解显示器分辨率的概念有助于理解屏幕上图像的显示大小与打印尺寸不同的原因。

3．输出分辨率

输出分辨率是激光打印机等输出设备在输出图像时产生的每英寸的油墨点数(dpi)。为获得最佳效果，应使用与打印机分辨率成正比的图像分辨率。大多数激光打印机的输出分辨率为 300dpi 到 600dpi，当图像分辨率为 72dpi 到 150dpi 时，其打印效果更好。高档照排机能够以 1200dpi 或更高精度打印，此时，150dpi 到 350dpi 的图像更容易获得最佳输出效果。

4．位分辨率

图像的位分辨率（BitResolution）又称位深，是用来衡量每个像素存储信息的位数。

2.2.3 图像的格式

在 Photoshop 中存储的图像文件格式非常多，不同的图像文件格式表示着不同的应用性、色彩数、压缩程度、图像信息等，下面介绍几种常用的图像文件格式及其特点。

1．PSD 格式

PSD 格式是 Photoshop 中专用的文件格式，可以存储所有 Photoshop 特有的文件信息及色彩模式等，用这种格式存储的图像可以包含有图层、通道、路径等，其清晰度高，而且很好地保留了图像的制作过程，方便以后或者他人的修改，因此一般我们用 Photoshop 处理完图像后，需要把它保存为这种格式，然后根据需要导出成其他的格式。

2．BMP 格式

BMP 格式是微软公司 Windows 的图像格式，这种文件格式可以轻松地处理 24 位颜色的图像。但它的缺点是压缩率不大，不能对文件大小进行有效的压缩，也就是说虽然 BMP 格式的图像文件能描绘出非常清晰和逼真的图像效果，但它的文件体积是很大的。

3．JPEG 格式

JPEG 格式是一种高效、全彩的压缩图像文件格式，它支持灰度或 24 位的连续色调，压缩后，它的文件体积远比"BMP"和"TIFF"格式的图像小。但压缩时会使图像质量受到一些损失，在对图像要求较高的出版、印刷等领域，不宜采用这种格式。另外，它的兼容性很强，在网页上使用得比较广泛，通常在网页上用来表现色彩比较丰富的静态图像。

4．GIF 格式

GIF 格式为网络上常用的压缩图像格式，它支持透明的背景处理，并可制作成动画的效果，它使用的色彩类型为黑白、2、4、8、16、256 色的索引色彩，适合线条较为简单的图形。当保存网页上的图像时，如果图像的颜色较少、较单纯，一般采用 GIF 格式，这样图像的大小会大大小于压缩成 JPEG 格式的图像，而且图像质量也优于 JPEG 格式。

5．PNG 格式

PNG 格式可以用于网络图像的传输，它可以保存为 24 位真彩色图像，并且支持透明背景和消除锯齿的功能，可以在不失真的情况下压缩图像。PNG 格式是 Fireworks 软件的专用图像格式。

6．EPS 格式

EPS 格式为是 Adobe 公司所开发，是一种应用非常广泛的 PostScript 格式，常用于绘图和排版。

7．PDF 格式

PDF 格式是 Adobe 公司开发的图像文件格式，支持文本格式，常用于印刷、排版、制作教程等方面。

8．TIFF 格式

TIFF 格式的出现是为了便于各种图像之间的图像数据交换，应用很广泛，支持多种色彩模式，并且还在 RGB、CMYK 和灰度 3 种模式下支持 Alpha 通道。该格式采用 LZW 的压缩方法，是一种无损失的压缩，常用于印刷、出版领域。

2.3　图像的基本操作

了解了图像的一些基本概念后，下面来开始用 Photoshop 对图像进行一些基础操作。

2.3.1　创建和打开图像文件

在 Photoshop 中要制作图像文件，首先需要新建一个图像文件然后进行逐步制作，或者打开一个图像文件，在该图像的基础之上进行操作。

1．新建图像文件

操作方式：（1）从菜单栏中选择"文件"→"新建"命令；（2）按"Ctrl+N"组合键；（3）用鼠标右键单击标题栏，在弹出的快捷菜单中选择"新建文档"命令，如图 2-6 所示。

此时会弹出"新建"对话框，如图 2-7 所示。

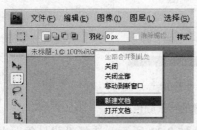
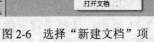
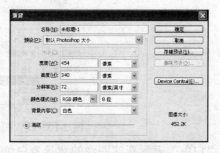

图 2-6　选择"新建文档"项　　　　图 2-7　"新建"对话框

- "名称"：是指需要新建图像的名称，如输入"广告设计"，那么该图像就被命名为"广告设计"了。
- "预设"：在其下拉列表中可以选择 Photoshop 已经预设置好的图像格式。
- "宽度"：可设置图像的宽度，打开右边的下拉列表，从中可以选择图像尺寸的单位，在默认情况下选择的是"像素"，如图 2-8 所示。

- "高度"：可设置图像的高度，同样，在右边的下拉列表中可以选择尺寸的单位。

专家点拨：

如果我们制作的图像是在电脑上观看的，那么一般都把单位设置为"像素"；如果
图像将被印刷或打印，那么要把单位设置为"厘米"、"毫米"或"英寸"。

- "分辨率"：也称为"精度"或"解析度"，它默认的单位是"像素/英寸"，表示
  每英寸的图像中有多少个像素，我们也可设置为"像素/厘米"，表示每厘米含多
  少个像素。如果图像仅仅在电脑上观看，那么该值无论设为多少都不会影响图像
  的显示效果，但如果图像是作为印刷或打印用的，那么一般要设置为"300 像素/
  英寸"。精度越高，图像的质量越好，但处理速度就越慢，默认值为"72 像素/英
  寸"，如图 2-9 所示。

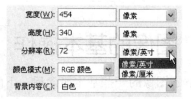

图 2-8 选择尺寸的单位　　　　　图 2-9 设置分辨率

- "颜色模式"：在默认情况下选择"RGB 颜色"，也就是我们通常所说的真彩模式，
  其中 R 代表红色，G 代表绿色，B 代表蓝色，3 种色彩叠加产生其他的各种色彩，
  用它们足以描绘绚丽的世界。如果图像作印刷应用，那么应该选择"CMYK 颜色"，
  关于颜色模式，我们将在介绍色彩调整的时候做详细的介绍。
- "背景内容"：用来选择图像背景的颜色，其中共有 3 个选项，如图 2-10 所示。

图 2-10 设置图像的背景颜色

选择"白色"表示新建图像的背景为白色，如 2-11 所示；选择"背景色"表示新建图
像的背景色将是工具箱中所设置的背景色；选择"透明"表示新建的图像文件没有背景色。
在 Photoshop 中，透明的背景以灰白小方格的形式显示，如图 2-12 所示。

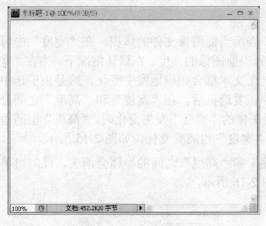

图 2-11　白色的背景　　　　　　　　图 2-12　透明的背景

2. 打开图像

1）打开单幅图像

打开图像的方法在上一章中已经介绍了，除了选择"文件"菜单中的"打开"命令这种方式进行打开外，还有其他打开图像的方法。

操作方式：（1）按"Ctrl+O"组合键；（2）双击界面区域中的空白处，空白区域为深灰色显示；（3）用鼠标右键单击标题栏，在弹出的快捷菜单中选择"打开文档"命令，如图 2-13 所示。

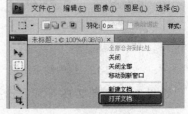

使用以上两种方法都可以打开"打开"对话框。

图 2-13　选择"打开文档"命令

2）打开多幅图像

打开"打开"对话框后，按住键盘上的"Ctrl"键，分别单击图片，可选择多张非连续的图片；按住"Shift"键，分别单击图片，可以选择多张连续的图片。选择多张图片后单击"打开"按钮，即可将多张图片一起打开。

2.3.2　调整图像的大小

在调用图像过程中，常常需要将图像放大或者缩小。在 Photoshop 中打开图像后，可以很方便地修改整幅图像的大小，共有两种方式：一是重新设置图像的尺寸，二是重新设置画布的大小。前者是对图像本身的放大或者缩小，而后者是对图像的画布进行放大或者缩小，图像本身并不会因为画布的缩小而缩小。

要重新设置图像的尺寸，可以从菜单栏上选择"图像"→"图像大小"命令，在打开的"图像大小"对话框中进行设置，如图 2-14 所示。

"图像大小"对话框中各参数的含义介绍如下。

图 2-14　"图像大小"对话框

1）像素大小

"像素大小"右边显示的数字"569.6K"表示当前图像文件的体积，在"宽度"中可重新设置当前图像的宽度，在"高度"中可设置当前图像的高度。在默认情况下，当在"宽度"或者"高度"文本框中输入数值时，另一个文本框会相应地发生变化，这是由于选中了对话框最下方的"约束比例"复选框，选中该复选框后，在"宽度"和"高度"之间会出现一把锁，表示图像做原始等比例缩放，当图像的"宽度"发生变化时，"高度"也随着变化。反之，当图像的"高度"发生变化时，"宽度"也随着变化，如图 2-15 所示。

取消勾选"约束比例"复选框，在"宽度"和"高度"之间的小锁会消失，此时可单独地设置图像的"宽度"和"高度"了，如图 2-16 所示。

图 2-15　选中约束比例

图 2-16　取消约束比例

如图 2-17 和图 2-18 所示是改变大小的前后效果。

图 2-17　调整图像前

图 2-18　调整图像后

专家点拨：

调整图像大小后，可以观察状态栏上文件大小的变化，文件大小由于图像尺寸的变小而变小。

2）文档大小

在这里，可以查看并设置图像的文档大小以用于打印，可以选择的单位有"百分比"、"英寸"、"厘米"、"毫米"、"派卡"、"列"、"点"。若保持图像的分辨率不变，改变"像素大小"和"文档大小"其中一个选项中的"宽度"或"高度"时，另一个选项中的"宽度"和"高度"也会发生改变；在"分辨率"中可重新设置当前图像的分辨率，当"分辨率"发生变化时，在"像素大小"中的"宽度"和"高度"也会随之发生变化，如图 2-19 所示。

专家点拨：
关于图像分辨率的概念，我们已经在上一节中详细介绍了。

3）重定图像像素

选中该复选框后，在下边的下拉列表中可以选择重新定义图像像素的方式，改变图像尺寸时，Photoshop 会将原图的像素颜色按一定的内插方式重新分配给新的像素。可选的方式如图 2-20 所示。其中"两次立方（适用于平滑渐变）"是最精确的分配方式。

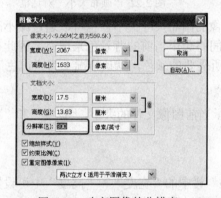
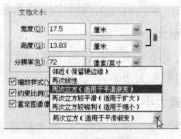

图 2-19　改变图像的分辨率　　　　图 2-20　重定图像像素

专家点拨：
改变图像的大小会导致图像的品质受到损失，所以缩放图像时尽量不要使缩放量过大。

2.3.3　调整图像的画布大小

介绍完调整图像的大小后，下面来调整图像的画布大小，看看两者有何区别。

打开一幅图像，如图 2-21 所示，选择"图像"→"画布大小"命令，弹出"画布大小"对话框，如图 2-22 所示。

图 2-21　打开一幅图像

图 2-22　"画布大小"对话框

使用"画布大小"命令可以修改当前图像的画布尺寸大小，也可以通过减小画布尺寸来裁剪图像。画布尺寸放大后，新添加的空间将会用当前的背景色来填充。因此在改变画布的大小之前要先确定工具箱中的背景色为所需要的颜色，默认情况下为"白色"。

1．当前大小

"当前大小"字样右边的"953.6K"表示当前图像文件的大小，"宽度"和"高度"为当前图像的画布大小。

2．新建大小

- "宽度"和"高度"：在"新建大小"栏中的"宽度"和"高度"中可设置图像新画布的大小，在靠右边的下拉列表中可以选择尺寸的单位。
- "相对"：选中该项，表示在"宽度"和"高度"中将设置变化的数值。
- "定位"：利用"定位"可以决定图像放置在画布上的位置。其中有 9 个小方块，每一个方块表示了一个方向，中间的方块表示改变画布大小时，以画布的中央处为中心，其余的方块上都带着一个箭头，表示改变画布的方向，非常直观。

如想为照片添加一个边框，那么可以首先在工具箱中设置一种背景颜色，然后打开"画布大小"对话框，假如想设置边框为 10 像素，那么选中"相对"复选框，分别输入"宽度"和"高度"的值为 20 像素，在"定位"处选择中间的方块，如图 2-23 所示。

设置完后单击"确定"按钮，效果如图 2-24 所示。

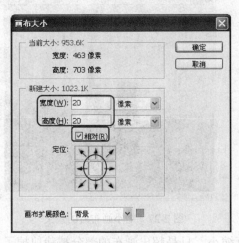
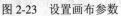

图 2-23　设置画布参数　　　　　　　　图 2-24　添加边框后的照片效果

可以看到画布以中央为中心向 4 个方向各被扩大了 10 像素，形成了一个宽度为 10 像素的边框，而图像大小没有发生变化。

如果在"定位"中选择其他的方向，如选择右上角的方块，那么画布将往左下角方向扩展或收缩，如图 2-25 所示。

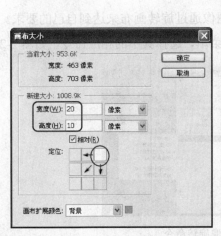

图 2-25　设置画布扩展的其他方向

前面讲解的是放大画布的情况，如果缩小画布，那么将会出现裁剪图像的现象。

　　设置缩小画布后的尺寸和定位方向，如图 2-26 所示。单击"确定"按钮，弹出一个提示对话框，提示此时的画布小于图像的大小，如果要改变画布的大小，将会对图像进行一些裁剪，单击"继续"按钮，效果如图 2-27 所示。

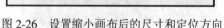

图 2-26　设置缩小画布后的尺寸和定位方向　　　　　　图 2-27　缩小画布后的效果

　　可以看到，画布被缩小了，而图像却没有缩小，只是超出画布的部分被裁剪掉了。

3．画布扩展颜色

　　在"画布扩展颜色"下拉菜单中可以选择画布被放大时，超出原始图像部位的颜色，在默认情况下选择的是"背景"，表示改变画布大小时，超出图像部分的颜色为工具箱中设置的"背景色"。

　　可见，改变"画布大小"与改变"图像大小"是性质完全不同的两个操作。改变画布大小时，图像实际尺寸不会变动，只是背景的大小发生了变化；而改变图像尺寸之后，画布会跟着图像大小自动调整。

2.3.4　图像的旋转

　　在实际中，我们经常需要对调用的素材图像通过旋转画布来达到自己的要求。

　　操作方式：打开"图像"→"图像旋转"菜单，选择其中的相应命令，如图 2-28 所示。

图 2-28　图像旋转命令

　　打开图像后，如选择"水平翻转画布"命令，可将画布在水平方向上翻转，随着画布的翻转，图像也一起翻转了，如图 2-29 和图 2-30 所示分别是翻转前后的效果。

图 2-29　翻转画布前的效果　　　图 2-30　翻转画布后的效果

可以根据自己的需要，选择需要的命令对图像进行改变，也可以选择"任意角度"命令对画布进行任意角度的旋转。

2.3.5　对图像中的局部进行变换

我们可以根据需要，对图像中的局部区域，或者对某图层中的图像进行任意变换。当要对局部区域进行变换时，首先需要选中要变换的区域；当要对某图层中的图像进行变换时，需要先在"图层"面板中选中该图层。

创建好选区或者选中图层后，从菜单栏上选择"编辑"→"变换"菜单中的相应命令即可，如图 2-31 所示。

如图 2-32 所示为选择"变形"命令变换后的效果，此时图像上会出现网格，拖动网格，可对图像进行变形。

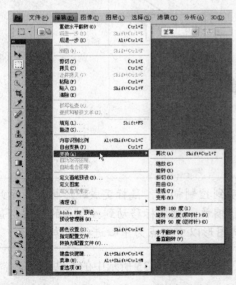 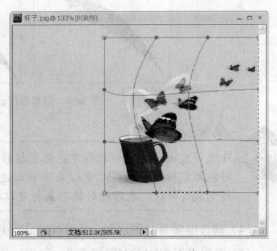

图 2-31　变换命令　　　　　　　图 2-32　"变形"变换

在变换命令中，使用比较多的是"自由变换"命令。

如要制作出如图 2-33 所示的图案效果，使用"自由变换"命令将会使制作过程变得相当简单。

其操作步骤如下。

（1）首先用路径工具和填充工具，在某一图层中制作出如图 2-34 中的左图所示的图形。

图 2-33　制作图案

　专家点拨：

在本案例应用过程中，所用到的知识，如路径和填充类工具的使用方法、图层的应用、色彩的调整都将会在后面做详细的介绍。

（2）对图形所在的图层进行复制，得到一个副本图层。

（3）按"Ctrl+T"组合键对图形进行自由变换，此时在图形周围会出现方块形控制柄和一个十字形中心点。用鼠标拖动这个中心点，可以改变它的位置，它是进行变换的中心点。将自由变换的中心点移动到图像的右上角，表示图形将以右上角点为中心进行变换，拖动左下角的控制柄，改变图像的大小和角度，按回车键确定，如图 2-34 中的右图所示。

　专家点拨：

在缩放图形过程中，按住键盘上的"Shift"键，可以等比例地缩放图像。

十字中心点

图 2-34　图案制作分解图（一）

　专家点拨：

在进行自由变换操作过程中，把鼠标移动到控制柄上，鼠标变成↔形状，表示此时拖动鼠标，图形将以中心点为中心进行缩放；把鼠标移动到控制点的外围，鼠标变成↶形状，表示此时拖动鼠标可以将图形以中心点为中心进行旋转。

（4）通过继续复制图层和自由变换操作，可以得到如图 2-35 所示中的左边图形。

（5）对图形所在的所有图层合并，再用同样的方法复制图层，然后对图层中的图形进行自由变换，拖动控制柄旋转一定的角度，最后调整色彩，如图 2-35 中的右图所示，重复以上操作即可得到图案的效果。

图 2-35　图案制作分解图（二）

当在变换过程中，如果想对图形进行其他变换操作，可以用鼠标右键单击图形，在弹出的快捷菜单中选择其他变换的命令即可，如图 2-36 所示。

图 2-36　选择其他变换命令

2.3.6　图像的存储

在进行存储操作时，根据不同的需求，可以选择不同的保存方式。例如，如果希望连同图像的图层、路径和 Alpha 通道等信息一起保存，便于以后的修改，可将文件保存为 Photoshop 的专用图像格式——PSD；否则，选择其他格式保存，以便在其他软件中使用该图像。当保存为其他图像格式时，Photoshop 会自动合并所有的图层。

1．利用"存储为"对话框

在制作图像的任意时刻都可以对图像进行保存。

操作方式：对于没有保存过的图像文件，或者已经保存过的图像文件，对于制作后需要进行保存的，可以从菜单栏上选择"文件"→"存储"命令；对于想把文件另存为其他名称的图像，可以选择"文件"→"存储为"命令。

对于没有保存过的文件，第一次执行"存储"命令，或者执行"存储为"命令时，都将会弹出"存储为"对话框，打开"格式"下拉列表，在其中可以选择需要保存的图像文件格式，如图 2-37 所示。

图 2-37　Photoshop 中支持的图像文件格式

可见，在 Photoshop 中存储的图像文件格式非常多，不同的图像文件格式表示着不同的应用性、色彩数、压缩程度、图像信息等，对于一些常用的图像文件格式，我们已经在 2.2.3 小节"图像的格式"中详细介绍了。

在对话框中输入文件名称，选择需要保存的格式，单击"保存"按钮即可将图像保存。

2．存储为 Web 格式

除了采用"存储为"对话框对图像进行存储外，当处理用于网页上的图像时，我们往往采用"存储为 Web 和设备所用格式"命令。

选择"文件"→"存储为 Web 和设备所用格式"命令，弹出"存储为 Web 和设备所用格式"对话框，如图 2-38 所示。

图 2-38　"存储为 Web 和设备所用格式"对话框

　　在对话框的左上角有 4 个选项卡："原稿"、"优化"、"双联"和"四联"。"四联"表示压缩的模式；"原稿"表示图像在未压缩前的状态；"优化"表示图像被压缩优化后的状态；"双联"表示将产生两个窗口，左边的窗口为原始的图像显示，右边的窗口为压缩后的图像显示，两种不同设置的图像显示在同一窗口中，能方便我们对图像进行比较，从而得到最佳的图像压缩设置；"四联"的原理与"双联"一样，只不过又多出了两个窗口，用来显示不同设置下的图像显示，更能详细地进行比较，从而得到最佳的压缩效果。

　　如选择"双联"选项卡，在对话框中出现两个图像预览的窗口，如图 2-39 所示。

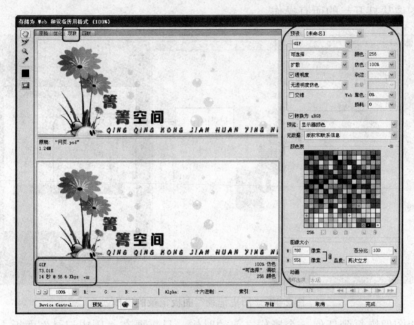

图 2-39　选择"双联"选项卡

　　左边的预览窗口为原始图像的模式，右边的预览窗口为压缩后的模式，在设置压缩参数时，可以对比两者之间的效果差异，从而得到最佳的压缩效果。用鼠标单击的方式选中右边的窗口。

　　在对话框的右侧调板中，可以对文件格式进行格式、品质等优化设置。"品质"选项根据原图像显示质量而定，原图像的品质高，我们可以设置得低一些，但不要设置得过低，不然会影响图像的显示效果。

　　窗口的下方显示了图像压缩后的一些信息：图像被压缩后的大小和在网络中被传输的速率，如图 2-39 所示。

　　在右侧的调板的"图像大小"中，可以设置图像的大小。图像的大小要尽量与作品的场景大小相匹配。

　　设置完后，单击"存储"按钮，弹出"将优化结果存储为"对话框，输入文件名，单击"保存"按钮，即可保存压缩后的图像。

2.4 图像恢复操作

在处理图像过程中，难免会出现错误的操作而需要恢复，而用"编辑"菜单中的"还原"命令只能恢复一步操作，要想恢复多步操作前的图像状态，可以使用"历史记录"面板进行恢复。

如图 2-40 所示，如我们对图像进行了若干操作，打开"历史记录"面板，可以看到其中记录了图像从打开起的所有操作。

图 2-40 "历史记录"面板记录的操作

当想让图像恢复到任何一个操作之前的时候，只需要在"历史记录"面板上单击记录的相应的操作步骤即可，如图 2-41 所示。

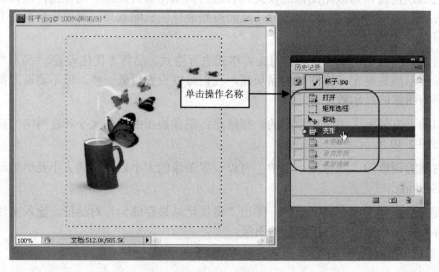

图 2-41 恢复图像

专家点拨：

按"Alt+Ctrl+Z"组合键，可连续撤销刚进行过的操作。

2.5　操作题

1. 打开一幅图像，将画布以居中方式，在上下方向上扩大 16 像素，在左右方向上扩大 28 像素。

2. 使用变换中的"自由变换"命令，制作出如图 2-42 所示的图案效果。

图 2-42　制作出的图案效果

第 3 章　工具的应用

内容简介

　　工具箱中的工具可以用来绘制图形、编辑图像并进行一些辅助操作。在工具箱中选择一个工具后，在选项栏上将会出现它的功能选项，配合这些选项可以进行更多、更方便的操作。

　　在本章中要掌握一些常用的绘图工具和修图工具的使用和技巧。

本章导读

- 工具箱的认识。
- 选取工具的用法与应用。
- 移动工具的用法与应用。
- 绘图类工具的应用。
- 修图类工具的应用。
- 各种常用工具的应用。

　　"工具箱"位于 Photoshop 界面的左侧，其中存放着各种处理图像的工具和辅助工具，各种工具的功能介绍如图 3-1 所示。

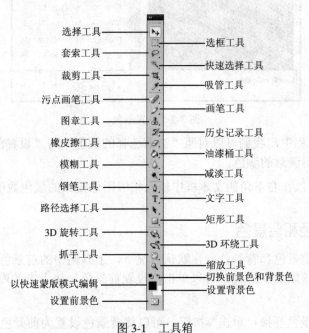

选择工具　　　　　　　　　　选框工具
套索工具　　　　　　　　　　快速选择工具
裁剪工具　　　　　　　　　　吸管工具
污点画笔工具　　　　　　　　画笔工具
图章工具　　　　　　　　　　历史记录工具
橡皮擦工具　　　　　　　　　油漆桶工具
模糊工具　　　　　　　　　　减淡工具
钢笔工具　　　　　　　　　　文字工具
路径选择工具　　　　　　　　矩形工具
3D 旋转工具　　　　　　　　3D 环绕工具
抓手工具　　　　　　　　　　缩放工具
　　　　　　　　　　　　　　切换前景色和背景色
以快速蒙版模式编辑　　　　　设置背景色
设置前景色

图 3-1　工具箱

下面我们来介绍各种常用工具的使用方法和具体应用。

3.1 前景色和背景色

在工具箱中可以设置前景色和背景色，这在处理图像时特别有用，如使用画笔类工具绘制的笔触色彩、填充的颜色、输入文本的颜色、一些滤镜的使用等，都与前景色和背景色有关。

3.1.1 设置前景色和背景色

设置前景色和背景色的方法如下。

（1）单击工具箱中的"设置前景色"块或"设置背景色"块，此时弹出"拾色器"对话框。

（2）在对话框的中间有一条垂直的色条，色条的两旁有选择颜色范围的小三角形按钮，用鼠标拖动小三角形按钮，可以选择色彩范围；在选择完色彩的范围后，用鼠标单击的方式可以在"选择一种颜色"中挑选自己满意的填充颜色，如图 3-2 所示。

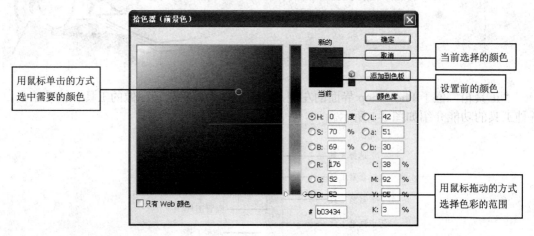

图 3-2　设置颜色

（3）在设置过程中，我们可以对照"当前选择的颜色"与"设置前的颜色"，通过对比，能更快捷地获得满意的颜色。

（4）我们也可以在右下角的文本框中输入相应图像模式的颜色数值。

3.1.2 切换前景色和背景色

恢复到默认的前景色和背景色：在默认情况下，工具箱中的前景色为黑色，背景色为白色，当想恢复到该默认状态时，可以单击"设置前景色"块上方的■按钮，或者按快捷键"D"。

将背景色和前景色互换：单击↩按钮，可以将背景色设置为前景色，前景色设置为背景色。

3.2 选取工具

在 Photoshop 中建立选区范围的方法有很多，最常用的建立选区的选取工具有矩形选框工具、椭圆选框工具、单行/单列选框工具、套索工具、多边形套索工具、磁性套索工具、快速选择工具、魔棒工具。

3.2.1 矩形和椭圆选框工具

"矩形选框工具"用于选取矩形范围，"椭圆选框工具"用于选取椭圆范围，其选项栏如图 3-3 所示，两者创建的方法一样，因此在这里统一讲解。

图 3-3　矩形选框工具和椭圆选框工具的选项栏

1. 4 种创建选区的方式

在选项栏中提供了 4 种选区按钮 ，分别是"新选区"、"添加到选区"、"从选区减去"和"与选区交叉"，各功能如下。

● "新选区"按钮 ：在默认情况下，选中的是"新选区"按钮，表示此时能创建出新的选区。

● "添加到选区"按钮 ：按下此按钮后，表示将在原有选区的基础上，增加新的选择区域。

专家点拨：

在实际应用中，我们常常在"新选区"按钮处于被按下状态时，进行"添加选区"的操作，具体方法：首先创建好一个选区，然后按住键盘上的"Shift"键后继续创建选区，新创建出来的选区将被添加到原来已经有的选区中。

● "从选区减去"按钮 ：按下此按钮后，表示将在原有选区的基础上，减去新的选择区域。

专家点拨：

在"新选区"按钮处于被按下状态时，我们同样可以进行"从选区减去"的操作，具体方法：首先创建好一个选区，然后按住键盘上的"Alt"键后继续创建选区，最终的选区将是原来已经有的选区减去新创建出来的选区。

● "与选区交叉"按钮 使原有选区与新建选区相交的部分成为了最终的选择范围。图 3-4 所示是用 4 种方式进行选区创建的效果。

新选区（a）　　　增加选区效果（a）　　　减去选区效果（a）　　　与选区交叉效果（a）

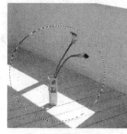 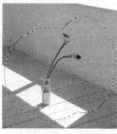  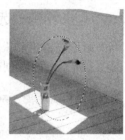

新选区（b）　　　增加选区效果（b）　　　减去选区效果（b）　　　与选区交叉效果（b）

图 3-4　4 种选区效果

2．选区的样式

当需要精确地确定选区的长宽特性的时候，可以使用选区的"样式"。"样式"参数用来设定所制作选区的长宽特性。"样式"下拉列表中有 3 个选项，如图 3-5 所示。

图 3-5　"样式"下拉列表

1）正常

这是默认的选择样式，也是最为常用的。在这种样式下，可以创建出任意宽度和高度的选区。

2）固定比例

在这种样式下，可以在右边的宽度和高度文本框中输入任意的长宽比，设置后，不管在图像上如何绘制，所绘制出来的选区都将按此比例设置。在默认的状态下，宽度和高度的比值为 1:1，也就是绘制出来的选区将永远是正方形，如图 3-6 所示。

图 3-6　固定比例

3）固定大小

在这种方式下，可以通过直接输入宽度和高度值来精确定义选区的大小。如在"宽度"和"高度"中分别输入"300px"和"200px"，设置完毕，用鼠标在图像上单击一下，可以看到，一个 300px×200px 的选区自动建立起来了，如图 3-7 所示。

图 3-7 固定大小

3．调整边缘

使用"调整边缘"功能可以提高选区边缘的品质并允许对照不同的背景查看选区以便轻松编辑。

操作方法如下。

（1）在图像上创建一个选区后，单击选项栏中的"调整边缘"按钮，或从菜单栏中执行"选择"→"调整边缘"命令，打开"调整边缘"对话框，如图 3-8 所示。

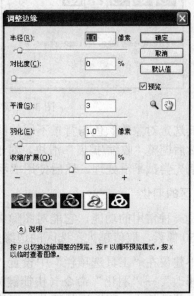

图 3-8 打开图像和"调整边缘"对话框

该对话框中的各参数说明如下。

- "半径"：决定选区边界周围的区域大小，将在此区域中进行边缘调整。增加半径值可以在包含柔化过渡或细节的区域中创建更加精确的选区边界，如短的毛发中的边界，或模糊边界。

- "对比度"：锐化选区边缘并去除模糊的不自然感。增加对比度可以移去由于"半径"设置过高而导致在选区边缘附近产生过多杂色。

- "平滑"：减少选区边界中的不规则区域（"山峰和低谷"），创建更加平滑的轮廓。输入一个值或将滑块在数值 0 到 100 之间移动。

- "羽化"：在选区及其周围像素之间创建柔化边缘过渡。输入一个值或移动滑块以定义羽化边缘的宽度（从 0 到 250 像素）。

- "收缩/扩展"：收缩或扩展选区边界。输入一个值或移动滑块以设置一个介于 0 到 100% 之间的数以进行扩展，或设置一个介于 0 到-100% 之间的数以进行收缩。这对柔化边缘选区进行微调很有用。收缩选区有助于从选区边缘移去不需要的背景色。

（2）如图 3-9 所示的是调整边缘后的选区效果。

图 3-9　调整边缘后的效果

　　对于其选定对象的颜色与背景不同的图像，请尝试增加"半径"，应用"对比度"以锐化边缘，然后调整"收缩/扩展"滑块。对于灰度图像或其选定对象的颜色与背景非常类似的图像，请先尝试平滑处理，然后使用"羽化"选项和调整"收缩/扩展"滑块。

　　4．选区的羽化

　　羽化是一种常用的功能，它能对图像中选区的内部和外部进行柔化，该参数的取值范围为 0～250 像素，取值越大，选区的边缘会相应变得越柔和。

　　我们不建议在"工具选项栏"中设置"羽化"的数值。在实际中，通常通过执行"选择"→"修改"→"羽化"命令（快捷键为"Alt+Ctrl+D"），然后在弹出的"羽化选区"对话框中设置数值来实现选区的羽化。羽化功能在制作图像的过程中被大量使用，我们将在后面的讲解中具体应用它，领略它的风采。

　　如图 3-10 所示是创建羽化后的选区。图 3-11 所示是将"羽化"值设置为"30"像素后，按键盘上的"Delete"键后的效果。

图 3-10　创建羽化后的选区

图 3-11　羽化的图像

　　可以看到，图像边缘被柔化了，多按几次"Delete"键，可使柔化效果更为明显。

5. 其他选区的操作和技巧

- 在创建矩形选区的同时按下键盘上的"Shift"键，可创建出正方形选区；在创建椭圆选区的同时按下键盘上的"Shift"键，可创建出正圆形选区。
- 移动选区的方法：保证选择选区类工具，把鼠标移动到选区中，鼠标变成 ⊹ 形状，拖动鼠标可调整选区的位置；按键盘上的上、下、左、右方向键，可逐个像素地调整选区的位置，在按方向键的同时按"Shift"键，那么每按一下方向键，将调整 10 个像素的距离。
- 取消选区：保证选择选区类工具，在图像区域中单击可取消当前选区；从菜单栏中执行"选择"→"取消选择"命令，或按"Ctrl+D"组合键，也可以取消选区。
- 选择全部：打开图像后，从菜单栏中执行"选择"→"全部"命令，或按"Ctrl+A"组合键，可以将当前图层中的图像全部选中。
- 反选：创建选区后，从菜单栏上执行"选择"→"反选"命令，或按"Shift+Ctrl+I"组合键，可以将除当前选区外的所有区域选中。
- 创建中心选区：在拖动鼠标创建选区的同时按下键盘上的"Alt"键，可创建出以鼠标单击处为中心的选区。
- 创建选区的同时移动选区：当选区不理想时，可以在拖动鼠标的同时按下键盘上的空格键，这样可轻易地调整选区的位置，改变好选区的位置后释放空格键，此时拖动鼠标依然可以改变选区的大小。用这种方法可以较准确地创建选区，在实际应用中非常有用。
- 修改选区：执行"选择"→"修改"中的命令，可以对选区进行相应的修改，如平滑、扩展、收缩、羽化等。

6. 案例应用

下面使用"矩形选框工具"，将如图 3-12 所示的左图效果处理成右图效果。

图 3-12　选框工具的应用

（1）打开素材图片后，选择"矩形选框工具" ▣，在素材中绘制一个如图 3-13 所示的矩形选区。

（2）按"Ctrl+C"组合键复制选区中的图像，再按"Ctrl+V"组合键粘贴复制的图像，此时在"图层"面板中将会生成"图层 1"图层。

（3）从菜单栏上执行"编辑"→"变换"→"水平翻转"命令，将"图层 1"中的图像水平翻转，效果如图 3-14 所示。

图 3-13　绘制一个矩形选区

图 3-14　复制图像并水平翻转

（4）选择工具箱中的"移动工具" ⊕，拖动"图层 1"中的图像到页面的左侧，即可得到最终效果。

专家点拨：

按"Shift"键的同时，按住鼠标左键移动选取对象时可以成水平、垂直或成 45 度移动选取对象。

3.2.2　单行/单列选框工具

单行/单列选框工具可以创建宽度为 1 个像素的单行/单列选框区域，选项栏如图 3-15 所示。

图 3-15　单行/单列工具的选项栏

在"选项栏"中只有"选择方式"和"羽化"两项参数，其用法和原理与"矩形选框工具"相同。

"单行选框工具" ⚏ 和"单列选框工具" ⚏ 是两个较为特别的工具，当需要制作只有 1 个像素高或者宽的选区时，就需要它们来帮忙了。

如图 3-16 所示，在该图像上创建多个单列选区，效果如图 3-17 所示。

图 3-16　素材图片

图 3-17　绘制单列选区

专家点拨：

单击鼠标的过程中按住鼠标不放并进行拖动，可以定位单列选区的位置。

按"Ctrl+H"组合键隐藏选区，此时该选区仍然处于被激活状态。执行菜单栏上的"滤镜"→"纹理"→"颗粒"命令，弹出"颗粒"对话框，如图 3-18 所示。在该对话框中设置颗粒参数。

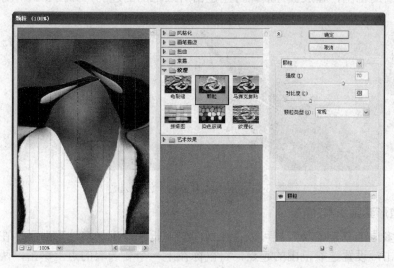

图 3-18 "颗粒"对话框

单击"确定"按钮，可以得到如图 3-19 所示的特效。

图 3-19 颗粒效果

3.2.3 套索类工具

使用套索类工具是为了进行不规则选区的创建。套索类工具共有 3 种，分别是："套索工具"、"多边形套索工具" 和 "磁性套索工具" 。套索工具的选项栏如图 3-20 所示，其含义与前面介绍的选取工具相同。

图3-20　套索工具选项栏

1. 套索工具

选择"套索工具" ，把鼠标移动到图像上，鼠标变为" "形状，按住鼠标并拖动，画出自己想要的范围，释放鼠标后即可创建出所画范围的选区，如图3-21所示。

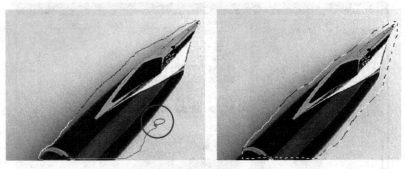

图3-21　用"套索工具"创建选区

2. 多边形套索工具

使用"多边形套索工具" 可以在图像中制作折线轮廓的多边形选区。在打开的图像上用鼠标单击，设置选取范围的起点，将鼠标在下一个要选取的点上单击，两点之间将会以直线形式连接起来，用同样的方法继续单击点，最后将鼠标置于起始点处，其右下角会出现一个小圆圈 ，这时单击即可将选区封闭起来，如图3-22所示。

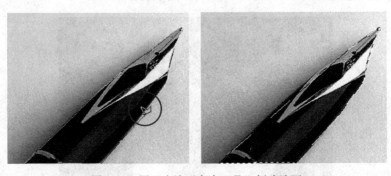

图3-22　用"多边形套索工具"创建选区

专家点拨：

在选取的过程中，双击鼠标会自动将终点与起点连接，形成一个封闭的选择区域；在确定选区边缘的过程中，当选错了点的时候，可以按键盘上的"BackSpace"键返回到上一个点。

3. 磁性套索工具

"磁性套索工具" 是一种具有自动识别图像边缘功能的"套索工具"，使用它可以沿着图像的不同颜色之间将图像相似的部分选中，它是根据选取边缘在指定宽度内的不同像素值的反差来确定的。

选择"磁性套索工具" 后，将鼠标移动到图像上单击，确定选区的起点，然后沿黑色心形的边缘移动鼠标，"磁性套索工具"会根据图像边缘的颜色深浅生成物体的选区轮廓。当鼠标移动到起点位置时，鼠标的右下角出现一个小圆圈 ，表示选择区域已经封闭，单击鼠标，完成选区的创建，如图 3-23 所示。

图 3-23　用"磁性套索工具"创建选区

专家点拨：

当图像的色彩和明暗程度不够明显时，"磁性套索工具"往往无能为力，制作的选区也不够精细。

3.2.4　快速选择工具和魔棒工具

1．快速选择工具

"快速选择工具" 可以利用可调整的圆形画笔笔尖快速创建选区。选取它后拖动鼠标，选区会向外扩展并自动查找和跟随图像中定义的边缘。"快速选择工具"的选项栏如图 3-24 所示。

图 3-24　"快速选择工具"的选项栏

专家点拨：

要更改"快速选择工具"的画笔笔尖大小，可以打开选项栏中的"画笔"下拉列表，如图 3-25 所示，在其中键入像素大小或移动"直径"滑块进行设置，也可以直接使用快捷键"["和"]"来增大或减小画笔大小。

下面我们将对如图 3-26 所示中左图制作成右图所示的效果。

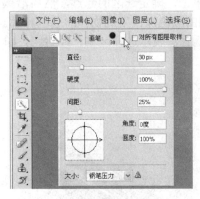

图 3-25　设置画笔笔尖　　　　　　　　　图 3-26　"快速选择工具"的应用

（1）打开素材图片后，选择"快速选择工具" ，在选项栏上单击"添加到选区"按钮 ，表示选择添加到选区方式，调整画笔大小为 30 像素，在胳膊和酒瓶上单击，效果如图 3-27 所示。

（2）用鼠标在胳膊和酒瓶上继续单击，使其全部选取，如图 3-28 所示。

图 3-27　选取效果　　　　　　　　　　　图 3-29　添加选区

（3）按"Ctrl+C"组合键复制选区中的图像，再按"Ctrl+V"组合键粘贴复制的图像，此时在"图层"面板中将会生成"图层 1"图层，如图 3-29 所示。

专家点拨：

有关图层方面的知识，将在后面做详细介绍，这里先来应用，有不理解的地方请查询相关章节。

（4）单击"图层"面板下方的 按钮，在弹出的菜单中选择"外发光"命令，如图 3-30 所示。

图 3-29　生成新图层　　　　　　　图 3-30　选择"外发光"选项

（5）此时弹出"图层样式"对话框，如图 3-31 所示。在该对话框中调整"外发光"的"混合模式"为"正常"，设置"不透明度"值为"70%"，选择外发光颜色为白色，设置"扩展"值为"3%"，设置"大小"为"60 像素"，调整"等高线"类型为 ，勾选"消除锯齿"复选框。

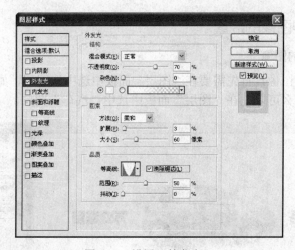

图 3-31　设置"外发光"

（6）单击"确定"按钮，得到一个的外发光效果图像，如图 3-26 中的右图所示。

2．魔棒工具

"魔棒工具" 的主要功能就是进行物体范围的选取，它是以图像中相近的色素来建立选取范围的，可以选取图像颜色相同或者颜色相近的区域。

"魔棒工具"的选项栏如图 3-32 所示。

图 3-32　"魔棒工具"的选项栏

工具选项栏上共有 5 个参数：选择方式、容差、消除锯齿、连续和对所有图层取样，以及调整边缘按钮。

- 选择方式：使用方法和原理与"选框工具"中的一样。
- "容差"：用来控制"魔棒工具"在识别各像素色值差异时的容差范围，可以输入 0～255 之间的数值，取值越大容差的范围越大；取值越小容差的范围越小。容差选项是我们最常用到的选项，它能够有效地控制选择的灵敏度。

- "消除锯齿"：用于消除不规则轮廓边缘的锯齿，使边缘变得平滑。
- "连续"：勾选该复选框，将只选取连续的容差范围内的颜色，否则，Photoshop 会将整幅图像或整个图层中的容差范围内的颜色都选中。想要选取图像中的全部 紫色区域，只需在该工具属性栏中取消勾选"连续"复选框。
- "对所有图层取样"：如果勾选该复选框，则选区的识别范围将跨越所有可见的图 层；如果不选，只在当前应用的图层上识别选区。

3.3　移动工具

使用"移动工具" ▸⊕ 可以调整图层中图像的位置或选区中局部图像的位置，还可以将 指定内容从一个图像移动到另一个图像中。

3.3.1　调整图层中图像的位置

1．调整图层中的图像

要移动图层中的图像，首先需要在"图层"面板中选中该图层，如要调整如图 3-33 所 示中的汽车元素，那么可以先在"图层"面板中选中"汽车"图层。

图 3-33　选中需要移动图像的图层

选中图层后选择工具箱中的"移动工具" ▸⊕，在图像窗口中拖动鼠标，此时所选图层 中的图像随着鼠标的拖动而移动，如图 3-34 所示。

图 3-34　调整图层中图像的位置

2．调整选区中的图像

如果只想调整所选图层中的局部图像，那么可以使用选区工具将需要移动的部分选中，然后再用"移动工具"进行移动。

继续上面的案例，如要调整"文字"图层中右侧的文字位置，首先应选中"文字"图层，然后创建一个选区，选中右侧的文字部分，如图 3-35 所示。

图 3-35　选中图层并创建选区

选择"移动工具" ，把鼠标移动到选区中，拖动鼠标，可以看到选区内的图像被移动了，如图 3-36 所示。

文字的位置随着鼠标拖动而被调整

图 3-36　被调整后的文字位置

专家点拨：

在使用"移动工具"移动选区内的图像时，如果按住键盘上的"Alt"键，则会将选区内的图像复制到目标位置，这种方法使原位置的图像不产生变化，如图 3-37 所示。

图 3-37　将图像复制到目标位置

3.3.2　在文件之间移动图像

使用"移动工具"还可以在多个文件之间来回移动图像，这如同为文件之间架起了一座桥梁。

下面通过一个案例具体介绍。

打开两幅素材图片，如图 3-38 所示，下面要将小鱼图片移动到右侧的背景图中。

图 3-38　打开两幅素材图片

（1）选择"魔棒工具"，在选项栏上设置"容差"值为"20"，然后单击白色背景，将白色背景选中，如果没有选中，可以在已创建的选区基础之上增加或减去选区。

（2）从菜单栏上执行"选择"→"反向"命令，选中小鱼，如图 3-39 所示。

（3）选择"移动工具"，将选中的小鱼拖动到另一幅图像中，使用"自由变换"命令调整小鱼的大小和旋转方向，再添加上文字，即可得到一幅海报效果，如图 2-40 所示。

专家点拨：

关于变换和移动的知识，请学习 2.6 节"移动、变换和裁剪"。

图 3-39　选中小鱼

图 3-40　将小鱼拖动到其他图像中

3.4　绘图工具

Photoshop 中常用的绘图工具包括画笔工具、铅笔工具、橡皮擦工具、渐变工具、油漆桶工具。下面来具体介绍。

3.4.1　画笔工具

1. 认识画笔工具

使用"画笔工具" 可以在图像上绘制出带柔边的笔触，其原理和实际中的水彩笔或毛笔的笔触相似。"画笔工具"的选项栏如图 3-41 所示。

图 3-41　"画笔工具"的选项栏

各参数说明如下。

1）画笔

在选项栏中，单击"画笔"右边的下三角形按钮，弹出画笔预设面板，在面板的下拉列表中可以选择各种形状的画笔；在"主直径"选项中可以设置画笔的粗细；在"硬度"选项中可设置画笔的柔和程度，如图 3-42 所示；单击面板右上角的 ▶ 按钮，可打开一个下拉菜单，在菜单中可以选择各种画笔类型，如图 3-43 所示。

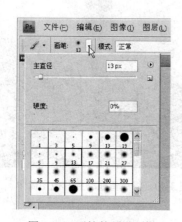

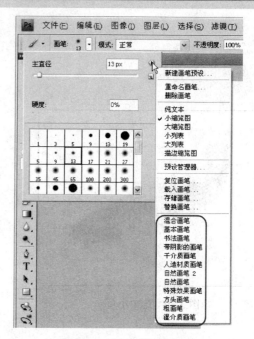

图 3-42　画笔的预设面板　　　　　　　　　　　图 3-43　选择画笔类型

任意选择几种画笔，拖动鼠标，在画布上可以看到不同的样式效果，如图 3-44 所示。画笔的颜色为工具箱中的"前景色"，如果要拖出水平或者垂直的笔画，需要按住键盘上的"Shift"键，然后拖动鼠标，如图 3-45 所示。

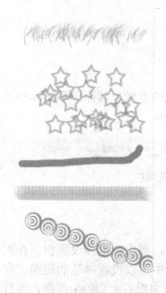

图 3-44　绘制出的画笔效果　　　　　　　　　图 3-45　绘制出水平方向的画笔效果

2）不透明度和流量

在选项栏上还可以设置画笔的"不透明度"和"流量"，这两个参数用来控制画笔颜色的深浅。

3）模式

"模式"选项用来设置画笔与其作用图层的混合模式,我们将在介绍图层时,详细介绍混合模式的内容。

2. 画笔的预设

打开"画笔"面板,如图 3-46 所示,在其中可以对画笔进行各种预设。

专家点拨:

按键盘上的"F5"键,可快速地打开"画笔"面板。

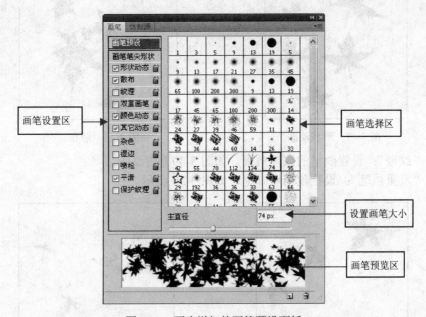

图 3-46　更为详细的画笔预设面板

1）画笔选择区

在这里列出了所有可供我们选择的画笔样式,使用时只需用鼠标单击其中需要的笔刷样式。

2）设置画笔大小

在这里,可以通过拖动滑块或者在文本框中输入数字的方式,设置所选画笔的主直径大小。

3）画笔设置区

在该设置区中分别选中参数项,右边会相应地出现详细的参数设置栏。

● "画笔笔尖形状":可以设置画笔的各种笔触效果。
● "形状动态":设置画笔是否无序出现,如图 3-47 所示。
● "散布":设置画笔的分散程度,如图 3-48 所示。

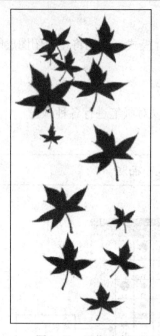

图 3-47　形状动态

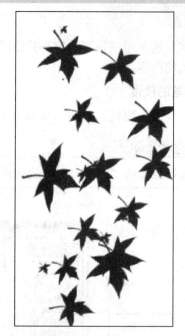

图 3-48　散布

- ● "纹理"：设置画笔的纹理效果，如图 3-49 所示。
- ● "双重画笔"：设置使用双画笔，如图 3-50 所示。

图 3-49　纹理

图 3-50　双重画笔

- ● "颜色动态"：设置画笔随机显示多色彩，如图 3-51 所示。
- ● "其他动态"：设置其他动态效果，包括透明度变化、水流状变化等，如图 3-52 所示。

图 3-51　颜色动态

图 3-52　其他动态

- "杂色"：为画笔添加杂色效果。
- "湿边"：设置画笔边缘的湿化程度。
- "喷枪"：使画笔具有类似喷雾剂功能。
- "平滑"：使画笔平滑化。
- "保护纹理"：保护画笔的纹理。

4）预览区

在这里可以预览画笔的效果，我们所看到的效果会因为在设置区中选择不同画笔参数而同步改变。

如图 3-53 所示的文字效果就可以使用画笔工具来描绘。

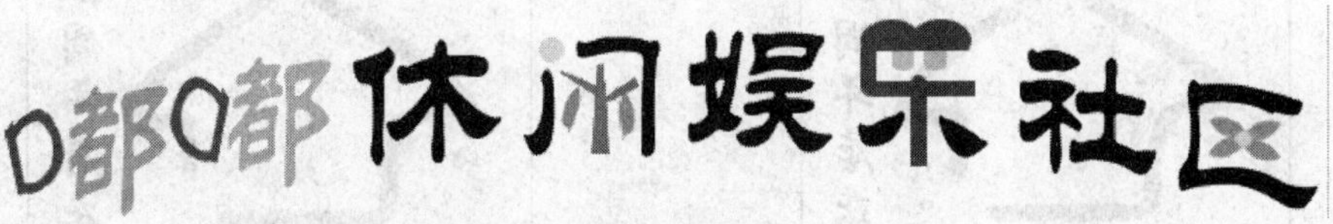

图 3-53　用画笔工具描绘艺术字

3.4.2　铅笔工具

"铅笔工具" 是一种常用的绘图工具，它模拟真实的铅笔进行绘图，产生一种硬性的边缘线效果。"铅笔工具"的选项栏如图 3-54 所示。

图 3-54　"铅笔工具"的选项栏

"铅笔工具"和"画笔工具"的选项栏基本相同，只是多了一个"自动抹除"功能，这是铅笔工具的特殊功能。当勾选此选项时，所绘制的效果与鼠标的单击起始点的像素有关。当鼠标点取的起始点的像素与前景色相同时，铅笔工具行使橡皮擦功能，并以背景色绘图；若在绘图时鼠标点取的起始点的像素不是前景色时，则所绘出的颜色仍然是前景。

下面通过一个案例进行介绍。

（1）打开一幅素材图片，如图 3-55 所示。选择"铅笔工具" ✐，在选项栏上调整铅笔的样式和大小，如图 3-56 所示。

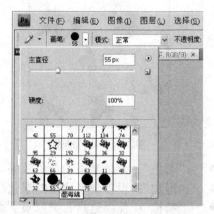

图 3-55　打开素材图片　　　　　　　　　　图 3-56　调整铅笔样式和大小

（2）在工具箱中调整前景色的颜色为"红色"，调整背景色的颜色为"黑色"。按住鼠标左键并拖动，绘制一个红色的图形，如图 3-57 所示。

（3）松开鼠标。在选项栏上勾选"自动抹除"复选框，用鼠标在红色图形的下方横线上单击并向下拖动，绘制出来的线条以背景色"黑色"显示，如图 3-58 所示。

图 3-57　前景色线条　　　　　　　　　　　图 3-58　背景色线条

（4）用鼠标分别绘制出两侧叶子线条。由于两侧叶子线条的起始点没有和黑色线条重叠的部分，此时仍然以背景色"黑色"显示的，如图 3-59 所示。如果两侧叶子线条的起始点在黑色线条上，那么两侧叶子线条颜色将以前景色"红色"显示，如图 3-60 所示。

图 3-59　黑色叶子　　　　　　　　　　　图 3-60　红色叶子

（5）新建一个图层，置于叶子线条图层的下方。然后调整前景色的颜色为"绿色"，取消勾选"自动抹除"复选框。使用"铅笔工具"在叶子线条中绘制叶片图形，效果如图 3-61 所示。

（6）调整前景色的颜色为"红色"，在工具箱中选择"文字工具" 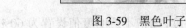，再输入所需的文字，得到如图 3-62 所示的效果。

图 3-61　绘制叶片　　　　　　　　　　　图 3-62　输入文字

3.4.3　橡皮擦工具

在 Photoshop 中，有 3 种橡皮擦工具，分别为"橡皮擦工具"、"背景橡皮擦工具"和"魔术橡皮擦工具"。

1．橡皮擦工具

使用"橡皮擦工具"可以擦除图像中的颜色，并填入颜色。当作用的图层为背景层时，相当于使用背景颜色的画笔；当作用于其他图层上时，擦除后的颜色将变为透明色。"橡皮擦工具"的属性栏如图 3-63 所示。

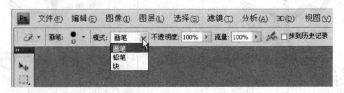

图 3-63　"橡皮擦工具"的属性栏

各参数的含义如下。

- "画笔"：选择橡皮擦的形状和大小。
- "模式"：选择橡皮擦的擦除方式，包括画笔、铅笔和块 3 个选项，如图 3-64 所示。

图 3-64　橡皮擦的模式

- "不透明度"：在这里可以设置所绘笔刷的透明程度，如把不透明度值设置为 60%，再在图像上涂抹，可以看到擦除的部位将变为透明状态。
- "流量"：在"流量"文本框中可以设置画笔的柔化效果，参数值的范围为 1%~100%，其值越小，柔化效果越明显。
- "启用喷枪功能"：按下"启用喷枪功能"按钮 后，表示可以启用喷枪功能。
- "抹到历史记录"：勾选该复选框后，表示"橡皮擦工具"具有了历史记录橡皮擦的功能。

2．背景橡皮擦工具

"背景橡皮擦工具" 用来协助图像去除背景，并将要擦除的区域变为透明状态。"背景橡皮擦工具"的属性栏如图 3-65 所示。

图 3-65　"背景橡皮擦工具"的属性栏

各参数的含义如下。

- "画笔"：选择背景擦除画笔的形状和大小。
- "取样"：选择选取标本色的方式，共有 3 种，"连续" 表示擦除过程中自动选择所擦除的颜色为标本色，此选项用于抹去不同颜色的相邻范围；"一次" 表示擦除时首先在需要擦除的颜色上单击，选定标本色，然后在图像上拖动鼠标，擦除与标本色相同的颜色范围，而且每次单击选定标本色只能做一次连续的擦除，如果想继续擦除必须再次单击选定标本色；"背景色板" 表示擦除前选定好背景色，也就是选定标本色，然后就可以擦除与背景色颜色相同的色彩区域。
- "限制"：设置工具的擦除界限。包括 3 个选项："连续"表示在选定的色彩范围内只可以进行一次擦除，也就是说必须在选定的标本内连续擦除；"不连续"表示在选定的色彩范围内可以多次重复擦除；"查找边缘"表示擦除时保持边缘的锐度。
- "容差"：可以通过在该文本框中输入数值，或者单击右侧小三角形按钮，在弹出的控制杆上拖动滑块进行调节。数值越小，擦除的范围越接近标本色。
- "保护前景色"：勾选该复选框后表示在进行擦除图像操作时，凡是前景色的部位不会被擦除。

下面用案例进行说明。

（1）打开一幅素材图片，如图 3-66 所示。

（2）选择"背景橡皮擦工具"，在选项栏上按下"取样：一次"按钮 ，设置"限制"为"查找边缘"，设置"容差"为"20％"。

（3）使用"背景橡皮擦工具"，图像在背景上按住鼠标拖曳，如图 3-67 所示。按住鼠标在整个图像上拖曳擦除所有背景，效果如图 3-68 所示。

（4）将蝴蝶图片用"移动工具"拖动到另一幅素材图片中，用"自由变换"命令调整图片的大小和旋转角度，如图 3-69 所示。

图 3-66　打开素材图片

图 3-67　擦除背景

图 3-68　擦除所有背景

图 3-69　变换图片

（5）按回车键确认调整图片的色彩效果，如图 3-70 所示。

图 3-70　最终效果

3．魔术橡皮擦工具

"魔术橡皮擦工具" 与"背景橡皮擦工具"的用途类似，也是用来为图像擦除背景的工具，只需用鼠标在要擦除的颜色范围内单击，便可以自动快速地擦除颜色相近的区域，并将图像的背景擦成透明。"魔术橡皮擦工具"的选项栏如图 3-71 所示。

图 3-71　"魔术橡皮擦工具"的选项栏

各参数说明如下。

- "容差"：数值越小，被擦除的颜色范围越小；数值越大，被擦除的颜色范围越大。可输入的数值范围为 0～255。
- "消除锯齿"：用于消除不规则轮廓边缘的锯齿，使边缘变得平滑。
- "连续"：勾选该复选框后，表示对与单击处相邻的区域进行擦除，擦除部位是连续的；如果不勾选该复选框，表示只要图像上色值与单击处相近的范围都将被擦除，擦除部位可以不连续。
- "对所有图层取样"：作用于所单击处的所有图层内容。
- "不透明度"：调节"不透明度"值可以产生半透明的擦除效果。

如上面已经应用过的小鱼图片，使用该工具可以轻易地去掉鱼的背景。

其操作方法如下。

（1）选择"魔术橡皮擦工具"，在选项栏上设置"容差"为"10"，"不透明度"为"100％"，勾选"连续"复选框。

（2）使用"魔术橡皮擦工具"在图像白色背景上单击，去掉白色背景，如图 3-72 所示。

图 3-72　去除背景

3.4.4　单色填充工具

1．油漆桶工具

使用"油漆桶工具" 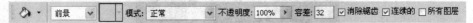不但可以在容差范围内把一个色彩相近的颜色区域用前景色填充，而且还可以用指定的图案填充。"油漆桶工具"的选项栏如图 3-73 所示。

图 3-73　"油漆桶工具"的选项栏

在"填充"下拉列表中，可以选择的选项有"前景"和"图案"两种。选择"前景"

表示填充的将是工具箱中设置的前景色；当选择"图案"之后其旁边的图案选项框中将显示为可选状态，打开其下拉列表，在其中可以选择图案，单击右上角的 按钮，在弹出的菜单中可以选择 Photoshop 自带的图案样式，如图 3-74 所示。

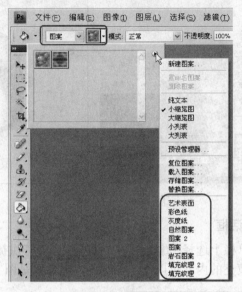

图 3-74 选择图案

其余的选项都已经在前面讲过，其功能和意义基本一样，这里不再重述。

专家点拨：

在属性栏中勾选"消除锯齿"复选框，可平滑填充选区边缘；勾选"连续的"复选框，可只填充与单击像素连续的像素，如不勾选此复选框则填充图像中的所有相似像素；勾选"所有图层"复选框，可以填充所有可见图层的颜色。

下面举个例子进行说明。

（1）打开一幅素材图片，如图 3-75 所示，在工具箱中设置一种前景色，如 RGB 值为（146,238,26）。

（2）选择"油漆桶工具" ，在图像的白色背景区域单击鼠标，填充前景色，效果如图 3-76 所示。

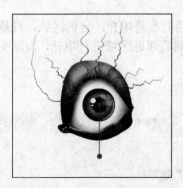

图 3-75 打开素材图片

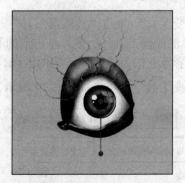

图 3-76 填充背景

（3）若需要填充图案，在"填充"下拉列表中选择需要的图案，效果如图 3-77 所示。

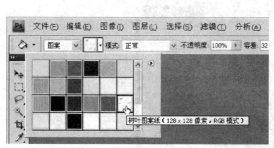
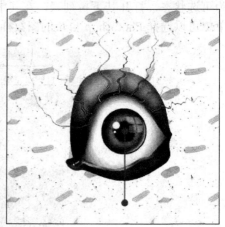

图 3-77　填充图案

2．使用"填充"对话框

创建选区后，从菜单栏上选择"编辑"→"填充"命令（快捷键为"Shift+F5"），可以对选区进行填充操作。填充的内容可以是各种颜色，也可以是图案，如图 3-78 所示。

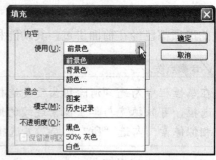

图 3-78　"填充"对话框

如果想把工具箱中的"前景色"填充到选区中，可按"Alt+Delete"组合键；如想把工具箱中的"背景色"填充到选区中，可按"Ctrl+Delete"组合键。

3.4.5　渐变工具

"渐变工具" 与"油漆桶工具"一样，其功能都是填充一定的区域，只是填充的方式不同。"油漆桶工具"是把与单击点的颜色值相同的邻近区域进行填充，而渐变工具是以指定的色彩渐变的方式填充一定的区域。

"渐变工具"选项栏如图 3-79 所示。

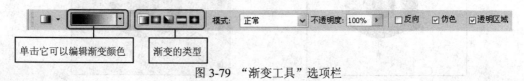

图 3-79　"渐变工具"选项栏

1. 设置渐变颜色

在选项栏上单击"点按可编辑渐变"按钮，弹出"渐变编辑器"对话框，在该对话框中可编辑渐变填充色，如图 3-80 所示。

图 3-80 "渐变编辑器"对话框

在该对话框的"预设"区域中可选择系统已经设置好的渐变色，想要用的时候，用鼠标直接单击即可。

在该对话框的下方有一个水平的渐变色条，如图 3-81 所示。

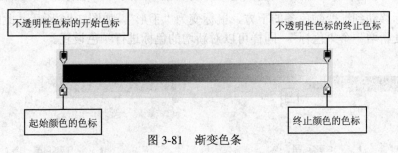

图 3-81 渐变色条

1）设置不透明性色标

用鼠标单击可以选中每一个"色标"，我们可以对被选中的"色标"进行相应的设置，选中"不透明性色标"后，可以设置"色标"的"不透明度"和其在渐变色条上的位置，如图 3-82 所示。

图 3-82 设置"不透明性色标"

为"色标"设置"不透明度"后，色标所在位置处的颜色将变为"淡化的透明状"。"不透明度"值的范围为 0%~100%，其值越小，颜色变得越透明，如选中左端的"不透明性色标"，设置"不透明度"为"50%"，效果如图 3-83 所示。

2）设置"颜色色标"

左端的"颜色色标"用来设置渐变色的开始颜色，选中它，可以对被选中的"色标"进行"颜色"和其在渐变色条上位置的设置，如图 3-84 所示。

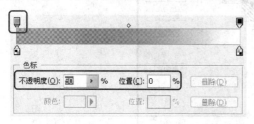
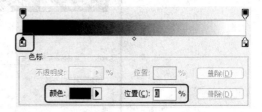

图 3-83　设置"不透明度"后的效果　　　　图 3-84　设置"颜色色标"

单击"颜色"右边的"颜色框"按钮，在弹出"拾色器"对话框中可以选择一种颜色。

右端的"颜色色标"用来设置渐变色结束颜色，选中它，同样可以给它设置一种颜色。

"色标"的位置是可以改变的，可以通过"渐变编辑器"对话框中的"位置"参数进行相应设置，数值范围为 0%~100%，数值越大，所选"色标"越靠向渐变色条的右端，当"位置"参数值为 100% 时，"色标"位于渐变色条的最右端；当数值为 0% 时，"色标"位于渐变色条的最左端。

我们也可以用鼠标拖动来改变"色标"的位置。如向左拖动右端的"颜色色标"，通过改变"色标"的位置可以对渐变色做进一步的调整，如图 3-85 所示。

把鼠标移动到渐变颜色条的下方，鼠标变为"手形"，如图 3-86 所示，此时单击鼠标，可在单击处新增一个"色标"，同样可以对新增的色标进行颜色设置。

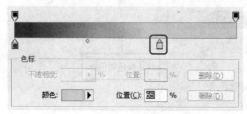
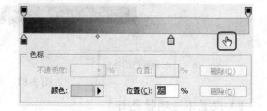

图 3-85　拖动右端的"色标"　　　　图 3-86　鼠标变为"手形"

渐变色条上的"色标"可以任意添加，当不需要的时候，可以选中它，然后单击"删除"按钮将其删除，也可以用鼠标向上或向下拖动"色标"，将其删除。

2．渐变的类型

渐变的类型共有 5 种，从左到右分别是："线性渐变"▧、"径向渐变"▣、"角度渐变"▨、"对称渐变"▤、"菱形渐变"▩，如图 3-87 所示。

线性渐变（a）　　　　径向渐变（b）　　　　角度渐变（c）　　　　对称渐变（d）　　　　菱形渐变（e）

图 3-87　渐变的类型

其操作方法非常简单，只需要按下相应的按钮后，在选区中拖动鼠标即可方便制作出各种类型的填充。

如图 3-88 所示是一个角度渐变的案例应用。在选项栏上把"不透明度"值设成"70%"，"颜色"设置为"色谱"，用鼠标在选区中拉出一条线段即可得到渐变效果。

图 3-88　应用角度渐变前后的效果对比

3.5　修图工具的应用

Photoshop 中常用的绘图工具包括"污点修复画笔工具"、"修复画笔工具"、"修补工具"、"红眼工具"、"颜色替换工具"、"仿制图章工具"、"图案图章工具"、"模糊工具"、"锐化工具"、"涂抹工具"等。下面针对每一个绘图工具的应用进行实例式讲解。

3.5.1　污点修复画笔工具

利用"污点修复画笔工具" 可以去除图像上的污点和对象。"污点修复画笔工具"的属性栏如图 3-89 所示。

画笔：　模式：正常　　类型：◉近似匹配 ○创建纹理　□对所有图层取样

图 3-89　"污点修复画笔工具"的属性栏

下面使用案例具体说明。

如图 3-90 所示，将左图中的污点去掉，修复成右图所示的效果。

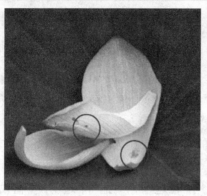

图 3-90　去除污点

其操作步骤如下。

（1）打开素材图片后，选择"污点修复画笔工具" 。

（2）在选项栏上单击"画笔"右侧的下三角形按钮，在弹出的面板上设置画笔的各项参数，如图 3-91 所示。在选项栏上设置"模式"为"正常"，选择"类型"中的"近似匹配"单选按钮。

（3）用鼠标在图像上有污点的叶片上单击，松开鼠标后，此处的污点被去掉，如图 3-92 所示。

图 3-91　调整画笔的参数值　　　　图 3-92　去除第一处污点

（4）使用相同的方法，在上面有污点的叶片上反复单击，直到去除污点为止。

3.5.2　修复画笔工具

"修复画笔工具" 可以利用样本或图案绘画以修复图像中不理想的部分。"修复画笔工具"的选项栏如图 3-93 所示。

图 3-93　"修复画笔工具"的选项栏

下面以案例进行说明。

如图 3-94 所示，在左图陶罐图片上有一道伤痕，将它修复成右图的效果。

图 3-94　去除伤痕

其操作步骤如下。

（1）打开素材图片，选择"修复画笔工具"。

（2）在选项栏上单击"画笔"右侧的下三角形按钮，在弹出的面板上设置画笔的各项参数，如图 3-95 所示。设置"模式"为"正常"，选择"源"中的"取样"单选按钮，设置"样本"为"当前图层"。

（3）按住"Alt"键在页面的相应的位置处单击鼠标左键选择取样点，如图 3-96 所示。

专家点拨：

在属性栏中选择"取样"单选按钮，在图像中必须按住"Alt"键才能采集样本；选择"图案"单选按钮，可以在其右侧的下拉菜单中选择图案来修复图像。

（4）取完点后，松开"Alt"键在图像中有裂痕的地方涂抹覆盖裂痕，效果如图 3-97 所示。

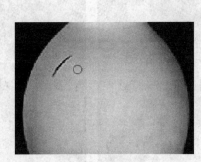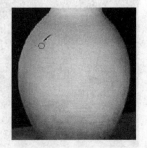

图 3-95　调整画笔的参数值　　　图 3-96　选取样点　　　　图 3-97　覆盖裂痕

（5）反复选取样点，将整个裂痕去除。在工具栏中选择"减淡工具"，在选项栏上单击"画笔"右侧的下三角形按钮，在弹出的面板上设置画笔的各项参数，如图 3-98 所示；设置"范围"为"中间调"，设置"曝光度"为"50％"。

（6）使用"减淡工具"在去除裂痕后留下的暗斑上涂抹，得到如图 3-99 所示的最终效果。

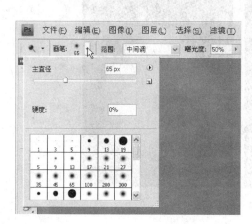

图 3-98　设置减淡工具　　　　　　　　图 3-99　最终效果

3.5.3　修补工具

"修补工具" 可使用样本或图案来修复所选图像区域中不理想的部分。在执行修补操作之前，可以直接使用"修补工具"在图像上拖曳成任意形状的选区，也可以采用其他的选择工具进行选区的创建。

"修补工具"的选项栏如图 3-100 所示。

图 3-100　"修补工具"的选项栏

下面使用案例进行说明。如图 3-101 所示为将左图中的人物去除，变成右图所示的效果。

图 3-101　将图片中的人物去除

其操作步骤如下。

（1）打开素材图片，选择"修补工具" 。

（2）在选项栏中选择"源"单选按钮，在图像编辑窗口中通过拖动鼠标选取需要修补的图像区域，如图 3-102 所示。

图 3-102 选取需要修补的图像区域

（3）移动鼠标指针到选区内，按住鼠标左键并拖动至采样区域，然后释放鼠标，即可修复图像，如图 3-103 和图 3-104 所示。

图 3-103 移动选区的过程

图 3-104 修补后的效果

3.5.4 红眼工具

利用"红眼工具" 可移去由闪光灯导致的红色反光。"红眼工具"的选项栏如图 3-105 所示。

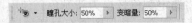

图 3-105 "红眼工具"的选项栏

下面使用案例进行说明。

如图 3-106 所示，左图照片中的动物有红眼问题，使用该工具可以将其修复，修复后的效果如右图所示。

图 3-106　修复红眼问题

其操作步骤如下。

（1）打开素材图片后，选择"红眼工具" 。

（2）在选项栏上设置"瞳孔大小"为"19％"，设置"变暗量"为"50％"。使用"红眼工具"在红色眼球的部位单击鼠标，如图 3-107 所示。

红眼工具自动扫描运行将红色眼球转变为黑色。

图 3-107　单击红眼并去除

3.5.5　颜色替换工具

"颜色替换工具" 可将选定颜色替换为新颜色。使用"颜色替换工具"可以根据前景色置换图像的色相、饱和度和亮度，并保留原有材质的感觉和明暗关系。

"颜色替换工具"的选项栏如图 3-108 所示。

图 3-108　"颜色替换工具"的选项栏

下面使用案例进行说明。如图 3-109 所示，将左图片中的局部颜色替换成如右图所示的色彩。

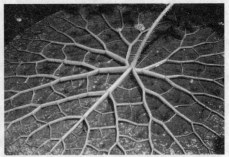

图 3-109　替换颜色

其操作步骤如下。

（1）打开素材图片后，选择"颜色替换工具"。

（2）在选项栏上设置"模式"为"颜色"，按下"取样：背景色板"按钮，选择"限制"为"不连续"，设置"容差"为"27%"。

（3）在工具箱上设置前景色为"绿色"，单击"背景色"图标，弹出"拾色器"对话框，使用"颜色选择器"在叶子紫色部位单击，拾取颜色，如图 3-110 所示。

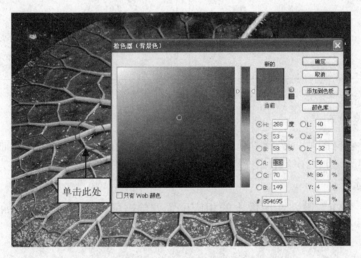

图 3-110　拾取颜色

（4）设置完毕单击"确定"按钮，使用"颜色替换工具"在叶子的左半部分进行涂抹，如图 3-111 所示，继续涂抹，将颜色改变为绿色，得到最终效果。

图 3-111　在叶子的左半部分进行涂抹

3.5.6　仿制图章工具

利用"仿制图章工具" ⬚可以复制图像的局部，是在图像合成时使用的重要的工具之一。"仿制图章工具"能够将一幅图像的局部或部分复制到同一幅图像或另一幅图像中。"仿制图章工具"的选项栏如图 3-112 所示。

图 3-112　"仿制图章工具"的选项栏

下面使用案例进行说明。如图 3-113 所示，使用"仿制图章工具"将左图效果转换成右图效果。

图 3-113　"仿制图章工具"的应用

其操作步骤如下。

（1）打开素材图片，选择"仿制图章工具" ⬚，在选项栏上设置"画笔"主直径值为"21"，"硬度"为"10%"；设置"不透明度"值为"100％"，"流量"为"100％"，勾选"对齐"复选框。

（2）按住"Alt"键，在图像上的相应位置处单击鼠标选取图章点，如图 3-114 所示。

单击此处

图 3-114　选取图章点

（3）取完点后，松开"Alt"键在图像中有文字的地方涂抹覆盖文字，效果如图 3-115
所示。

图 3-115 覆盖文字

（4）按住"Alt"键在图像中的水滴上单击鼠标左键取点，如图 3-116 所示。

（5）在图像的左侧相应位置拖动鼠标进行涂抹，得到图像如图 3-117 所示。

图 3-116 取点   图 3-117 涂抹得到的图像效果

最终效果如图 3-113 右图所示。

3.5.7 图案图章工具

"图案图章工具" 可以将图像局部复制到其他的图像中。它与"仿制图章工具"的
取样方式不同，"图案图章工具"的主要作用是制作图案，它的选项栏如图 3-118 所示。

图 3-118 "图案图章工具"的选项栏

下面使用案例进行说明。如图 3-119 所示，通过左图的一朵花，制作成右图的效果。

图 3-119　"图案图章工具"的应用

其操作步骤如下。

（1）执行菜单栏上的"文件"→"新建"命令，在弹出的对话框中新建一个图像文件，如图 3-120 所示。

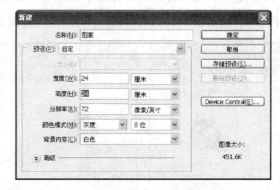

图 3-120　新建一个图像文件

（2）打开素材文件，选择"矩形选框工具"，创建一个矩形选区并选中花朵，如图 3-121 所示。

（3）执行菜单栏上的"编辑"→"定义图案"命令，打开"图案名称"对话框，设定名称为"图案 1"，如图 3-122 所示。

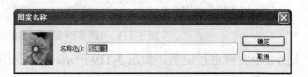

图 3-121　绘制选区　　　　　　　　　　图 3-122　"图案名称"对话框

（4）设置完后单击"确定"按钮，转换到"图案"文件中，选择"图案图章工具"，在选项栏上按如图 3-123 所示的参数设置。

图 3-123 设置图案

（5）在"图案"文件中的空白处拖曳鼠标，将图案覆盖到白色背景上，效果如图 3-124 所示；继续涂抹，得到如图 3-125 所示的最终效果。

图 3-124 复制图案

图 3-125 最终效果

3.5.8 模糊工具

"模糊工具" ![]可以柔化图像中的硬边界，校正由过分锐化导致的像素结块的现象。它的工作原理是通过降低像素之间的反差，使图像产生柔化朦胧的效果。如图 3-126 所示为它的选项栏。

图 3-126 "模糊工具"的选项栏

下面通过案例进行说明。

其操作步骤如下。

（1）打开一幅素材图片，如图 3-127 所示。选择"模糊工具" ![]。

（2）在选项栏上设置"画笔"的"主直径"大小为"26px"，"硬度"为"100%"，"模式"为"正常"，"强度"为"100%"，如图 3-128 所示。

图 3-127 打开素材图片

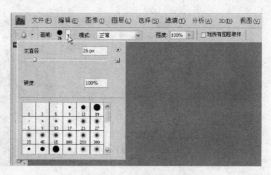

图 3-128 选项栏设置

（3）运用"模糊工具"在图像中的文字上进行涂抹，模糊后的效果如图 3-129 所示。

图 3-129　模糊文字

3.5.9　锐化工具

"锐化工具" △与"模糊工具" △正好相反，它是一种使图像色彩锐化的工具，也就是增大像素间的反差。"锐化工具"的选项栏如图 3-130 所示。

图 3-130　"锐化工具"的选项栏

下面用案例进行说明，具体操作步骤如下。

（1）打开一幅素材图片，如图 3-131 所示，选择"椭圆选框工具" ○，按住"Shift＋Alt"组合键在图像的中央处绘制一个正圆选区，如图 3-132 所示。

图 3-131　打开素材图片　　　　　　　图 3-132　绘制选区

（2）选择"锐化工具" △，在选项栏上设置"画笔"的"主直径"大小为"100px"，"硬度"为"100％"，"模式"为"正常"，"强度"为"50％"，如图 3-133 所示。

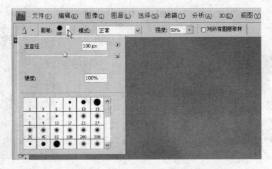

图 3-133　选项栏设置

（3）用鼠标在圆形选区内涂抹，进行锐化效果处理，如图 3-134 所示。

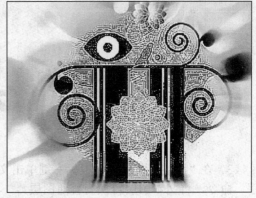

图 3-134　锐化效果

（4）涂抹完后按"Ctrl＋D"组合键取消选区。

3.5.10　涂抹工具

"涂抹工具"可以在图像上以涂抹的方式融合附近的像素，创造柔和或模糊的效果，拖动鼠标时笔触周围的像素将随笔触一起移动并相互融合。

"涂抹工具"的选项栏如图 3-135 所示。

图 3-135　"涂抹工具"的选项栏

下面用案例进行说明，具体操作步骤如下。

（1）执行菜单栏上的"文件"→"新建"命令，在弹出的对话框中新建一个图像文件，如图 3-136 所示。

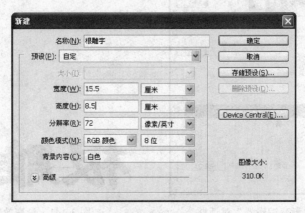

图 3-136　新建一个图像文件

（2）选择"横排文本工具"，在文件上的空白处单击并输入"根雕字"文本，在"字符"面板上调整文本的样式、大小，具体设置如图 3-137 所示。设置完毕后的文本效果如图 3-138 所示。

图 3-137 "字符"面板 　　　　　　　　　　　图 3-138 文本效果

（3）在"图层"面板上用鼠标右键单击文本图层，在弹出的快捷菜单中选择"栅格化文字"命令，将文本图层转换为普通图层。

（4）按住"Ctrl"键，单击文本所在图层，将文字载入选区，如图 3-139 所示。

图 3-139 将文字载入选区

（5）选择"渐变工具" ，打开"渐变编辑器"对话框，设置一种渐变颜色，渐变色从左至右为"R:178；G:43；B:43"、"R:134；G:0；B:0"、"R:178；G:43；B:43"，如图 3-140 所示。

（6）按住"Shift"键使用鼠标从左至右拖动，得到一个渐变颜色的文本图像，如图 3-141 所示。

图 3-140 "渐变编辑器"对话框 　　　　　　图 3-141 渐变效果

（7）将文本图层保持为当前图层不变，单击"图层"面板下方的 ƒx.按钮，对该图层添加图层样式，在"样式"栏中勾选"投影"复选框，设置如图 3-142 所示的参数；然后勾选"外发光"复选框，设置如图 3-143 所示的参数。

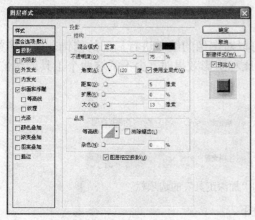

图 3-142　投影设置

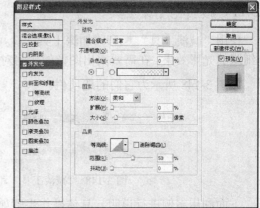

图 3-143　外发光设置

（8）在"样式"栏中继续勾选"斜面和浮雕"复选框，设置如图 3-144 所示的参数。设置完毕后，单击"确定"按钮，得到如图 3-145 所示的图层样式效果。

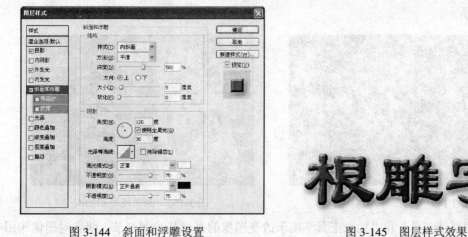

图 3-144　斜面和浮雕设置　　　　　　　　　　图 3-145　图层样式效果

（9）选择"涂抹工具"，在选项栏上设置"画笔"的"主直径"大小为"6px"，"硬度"为"2%"，"模式"为"正常"，"强度"为"60%"，用鼠标在文字的下方进行涂抹，如图 3-146 所示。

（10）使用"涂抹工具"继续涂抹，根据需要随时调整画笔的大小和涂抹的强度，最终效果如图 3-147 所示。

图 3-146　涂抹效果

图 3-147　最终效果

3.5.11　减淡和加深工具

使用"减淡工具" 和"加深工具" 可以对图像的细节进行局部的修饰，使图像得到细腻的光影效果。在需要突出图像的明暗对比和阴影效果时，少不了这两个工具的帮忙。

如图 3-148 所示为它们的选项栏。

图 3-148　"减淡工具"和"加深工具"的选项栏

下面利用案例进行说明。具体操作步骤如下。

（1）打开一幅素材图片，如图 3-149 所示。

（2）选择"减淡工具"，在图像上涂抹，可以看到，被涂抹处的图像色调变淡了。

（3）选择"加深工具"，再在图像上涂抹，可以看到，被涂抹处的图像色调变深了，如图 3-150 所示。

图 3-149　打开一幅素材图片　　　　图 3-150　图像减淡和加深

可见，"减淡工具"和"加深工具"用于改变图像的亮调与暗调细节，两者对图像作用所产生的效果正好相反。原理类似于胶片曝光显影后，通过部分暗化和亮化，来改善曝光的效果。

3.6　其他常用工具

除了以上常用的工具之外，下面介绍其他比较常用工具的使用方法。

3.6.1　裁剪工具

在调用一些图像素材过程中，我们常常只需要图像中的一部分，或者需要改变图像的透视效果，此时可以使用"裁剪工具" 。

下面通过一个案例具体说明。

具体操作步骤如下。

（1）打开一幅素材图片，如图 3-151 所示。选择"裁剪工具" 。

图 3-151　打开一幅素材图片

（2）在要进行裁剪的图像上拖拉鼠标，产生一个裁剪区域，释放鼠标，这时在裁剪区域周围出现了一些控制柄，如图 3-152 所示。

图 3-152　创建一个裁剪区域

（3）把鼠标移动到控制柄上，鼠标变为双向箭头形状，拖动鼠标，可改变裁剪区域的大小，如图 3-153 所示。

（4）把鼠标移动到控制点的外边缘，鼠标会变为可旋转形状，拖动鼠标可旋转裁剪区域，如图 3-154 所示。

图 3-153　改变裁剪区域的大小　　　　　　图 3-154　旋转裁剪区域

（5）裁剪区域确定后，按回车键，或者在裁剪区域中双击鼠标，完成裁剪的操作，如图 3-155 所示。

（6）此外，"裁剪工具"有创建"透视效果"的功能，在制作完裁剪区域后，在工具选项栏上勾选"透视"复选框，如图 3-156 所示。

图 3-155　裁剪后的图像　　　　　　图 3-156　勾选"透视"复选框

（7）用鼠标调节裁剪区域的控制点，可调节控制点的位置，如图 3-157 所示。

（8）调节完后，按回车键，或者用鼠标双击裁剪区域确认，可以看到，图像的透视感改变了，如图 3-158 所示。

图 3-157　调节剪裁区域的控制点

图 3-158　图像的透视化

 专家点拨：

所谓"透视"是指物体的轮廓会随观察者视角的变化按照一定的规律产生变形，从而得到逼真的立体视觉效果。

3.6.2　吸管工具

使用"吸管工具" ![]可以提取图像的颜色。选择"吸管工具"后，鼠标停留处的图像信息会显示在"信息"面板上，这时单击鼠标可将鼠标停留处的颜色设置为工具箱中的"前景色"，如图 3-159 所示。

图 3-159　提取颜色

"吸管工具"的选项栏如图 3-160 所示，在"取样大小"的下拉列表中有"取样点"、"3×3 平均"和"5×5 平均"等选项，它们都是用来设定"吸管工具"的取色范围的。

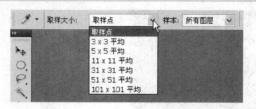

图 3-160　设定"吸管工具"的取色范围

3.6.3　抓手工具

在绘图过程中，常常因为图像太宽、太高而无法在屏幕上显示图像中的所有内容，此时可以使用"抓手工具" 🖐，运用它可以在图像窗口中方便移动图像。

选择"抓手工具"后，把鼠标移动到图像上，鼠标变为小手形状，只要在图像上拖动鼠标即可移动图像视图。"抓手工具"通常与"导航器"面板配合使用，如图 3-161 所示。

图 3-161　使用"抓手工具"和"导航器"

专家点拨：

当正在使用其他工具处理图像时，可以通过按住键盘的空格键将当前的工具临时切换成"抓手工具"，放开空格键时又会自动切换回原来正在使用的工具，它大大加快了处理图像时的操作。

3.6.4　缩放工具

"缩放工具" 🔍 用来放大或者缩小图像，它的选项栏如图 3-162 所示。

图 3-162　"缩放工具"的选项栏

当选项栏上的"放大"按钮 🔍 被按下时，在图像上单击或者拖动鼠标，可将图像放大，此时按下键盘上的"Alt"键，同时单击或者拖动鼠标，可缩小图像；当选项栏上的"缩小"按钮 🔍 被按下时，在图像上单击或者拖动鼠标，可将图像缩小，此时按下键盘上的"Alt"键，同时单击或者拖动鼠标，可放大图像；单击选项栏上的"实际像素"按钮，可将图像以实际大小进行显示；单击选项栏上的"适合屏幕"按钮，可将图像以界面大小为参照，自动调节视图的比例而显示；双击"缩放工具"，可使图像以 100% 比例模式进行显示。

3.6.5　以快速蒙版模式编辑

利用快速蒙版编辑模式，我们可以像绘画一样在图像中自由创建复杂而精确的选区。

下面以案例进行说明，具体操作如下。

（1）打开一幅素材图片，如图 3-163 所示，在工具箱中单击"以快速蒙版模式编辑"按钮 ，使图像进入快速蒙版状态，选择"画笔工具" ，在图像中涂抹，经涂抹的地方会显示出 50% 的红色，如图 3-164 所示。

图 3-163　打开一幅图像　　　　图 3-164　在图像上涂抹

被涂抹的部分为快速蒙版区域，也就是未被选取的部分。

（2）涂抹完后，在工具箱中单击"以标准模式编辑"按钮 ，使图像进入标准屏幕模式，此时图像中的红色消失，取而代之的是转换后的选区，如图 3-165 所示。

专家点拨：

进入以快速蒙版模式编辑模式后，工具箱中的"以快速蒙版模式编辑"按钮 会自动变成"以标准模式编辑"按钮 。

（3）这样就可以很方便地将瓷器图形抠出来了，如图 3-166 所示。

图 3-165　将快速蒙板转换为选区

图 3-166　抠出瓷器图片

3.7　操作题

1. 运用选区工具和填充功能，绘制出如图 3-167 所示的图形效果。

2. 运用修图工具，对如图 3-168 所示中左图照片进行处理，处理完后的效果如右图所示。

图 3-167　绘制图形

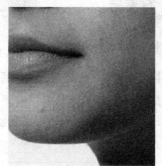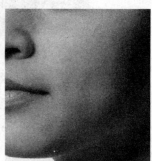

图 3-168　修图

第 4 章　路径与形状的应用

内容简介

　　在上一章中着重介绍了工具箱中常用工具的使用方法。其中有关路径和形状的绘制工具没有介绍，它们也是非常重要的工具，利用它们可以绘制出各种路径和形状，利用路径可以进行复杂图像提取等重要应用，在本章中将做专题介绍。

本章导读

- 了解各种路径工具的功能。
- 掌握"钢笔工具"的使用方法。
- 掌握路径的调整方法。
- 掌握路径的常用操作方法。
- 掌握绘制各种形状的方法。

4.1　认识路径工具

　　与路径有关的工具有许多，包括两大类，一类是绘制路径的工具；另一类是编辑路径的工具。绘制路径的工具包括"钢笔工具"、"自由钢笔工具"、"矩形工具"、"圆角矩形工具"、"椭圆工具"、"多边形工具"、"直线工具"、"自定形状工具"；编辑路径的工具包括"添加锚点工具"、"删除锚点工具"、"转换点工具"、"路径选择工具"和"直接选择工具"，如图 4-1 所示。

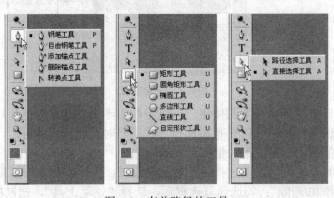

图 4-1　有关路径的工具

4.2 绘制路径

绘制路径的工具有许多，下面首先来认识一下它们，然后使用元件进行绘制操作。

4.2.1 认识钢笔工具

利用"钢笔工具"和"自由钢笔工具"可以随心所欲地绘制出各种形状的路径，这种路径不受图像缩放及分辨率大小的影响，并能把路径转换成选区，实现图像的提取。

"钢笔工具"通过用鼠标点取锚点来绘制路径，而"自由钢笔工具"则是通过鼠标拖动来取得任意路径。打个比方，如果把"钢笔工具"比做是"多边形套索工具"，那么"自由钢笔工具"则可以比做是"套索工具"。

除了以上两种绘制路径工具之外，其他的是绘制固定形状的路径和工具及自定义形状的路径工具。

使用"自由钢笔工具"的方法非常简单，只需要选择工具后用鼠标拖动即可进行绘制。固定形状和自定义形状的路径绘制非常直观，在"绘制形状"中将有工具使用方法的介绍，这里着重介绍"钢笔工具"的使用方法。

选择"钢笔工具" ，它的选项栏如图 4-2 所示。

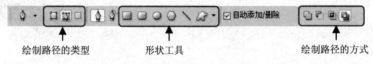

绘制路径的类型　　　　形状工具　　　　绘制路径的方式

图 4-2 "钢笔工具"的选项栏

- "形状图层"按钮 ：按下此按钮，可以直接用"钢笔工具"绘制出具有填充颜色的形状图层，这种图形为矢量图形，在"图层"面板上的相应图层中会带上矢量蒙版，如图 4-3 所示。

矢量蒙版

图 4-3 矢量蒙版

- "路径"按钮 ：按下此按钮，可以绘制出不带有填充颜色的路径。
- "填充像素"按钮 ：只有在选择形状工具时，此按钮才可用，表示绘制出来的是填充的图像，而不是矢量图形。
- 形状工具：在这里可以选择各种形状的工具，以便建立相应规则的路径。
- "自动添加/删除"：勾选该复选框后，选择"钢笔工具"，把鼠标放置在路径上，图标的右下角会出现一个加号，此时单击路径，单击处会添加一个锚点。将鼠标移动到锚点上，图标的右下角会出现一个减号，单击锚点，可将此锚点删除。
● 绘制路径方式：这些按钮的意义与"选框工具"中的一样，这里不再赘述。

4.2.2　路径的绘制过程

下面我们使用"钢笔工具"来绘制一条路径，通过绘制将掌握使用"钢笔工具"的方法。

其操作步骤如下。

（1）选择工具箱中的"钢笔工具" ，在选项栏上按下"路径"按钮 ，如图 4-4 所示。

图 4-4　按下"路径"按钮

（2）把鼠标移动到画面上，此时鼠标变为 形状，在图像上单击确定一个点，我们把这个点称为锚点，第 1 个锚点称为起始锚点，如图 4-5 所示。

（3）接着要确定第 2 个锚点，把鼠标移动到适当位置，按下鼠标即可确定第 2 个锚点，此时不要松开鼠标，而是向前拖动鼠标，当看到锚点的两旁出现两个控制手柄的时候松开鼠标，如图 4-6 所示。

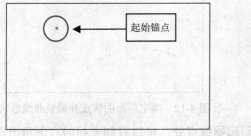

图 4-5　确定起始锚点

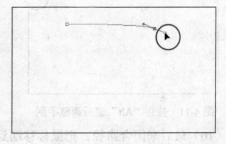

图 4-6　确定第 2 个锚点

（4）出现的两个控制手柄用来确定曲线的弯曲程度，调整它们可以制作出各种弯曲程度不同的路径曲线，按住"Ctrl"键，用鼠标拖动控制手柄，可调整曲线，如图 4-7 所示。

（5）在第 2 个锚点的右边按下鼠标并拖动，确定第 3 个锚点，按住"Ctrl"键，用鼠标拖动控制手柄，调整曲线，如图 4-8 所示。

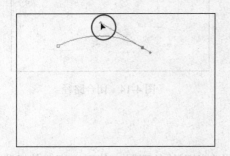

图 4-7　拖动控制手柄

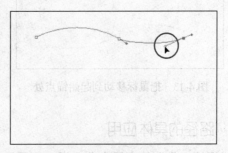

图 4-8　确定第 3 个锚点

（6）在调整控制手柄过程中，如果达不到效果，还可以用同样的方法调整前一个锚点的控制手柄。在调整控制手柄的过程中要始终按住"Ctrl"键，如图4-9所示。

（7）继续用鼠标单击，确定第4个锚点，如图4-10所示。

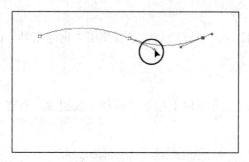

图4-9　调整前一个锚点的手柄　　　　图4-10　确定第4个锚点

（8）当只需要调整一个手柄而不破坏另一个手柄调整好的曲线时，可以住"Alt"键，然后拖动手柄进行调整，这样就不会发生改变曲线的问题了，如图4-11所示。

（9）继续确定接下去的锚点，并调整好曲线形状，如图4-12所示。

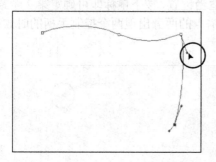
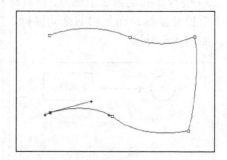

图4-11　按住"Alt"键后调整手柄　　　图4-12　确定后面的锚点并调整曲线形状

（10）最后来闭合路径。把鼠标移动到起始锚点处，可以看到光标的右下角出现一个小圆圈🔾，如图4-13所示。此时单击鼠标，可以将路径闭合，如图4-14所示。

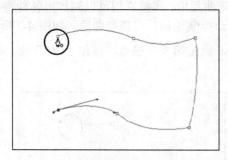
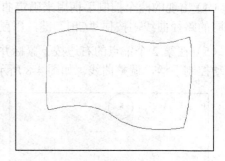

图4-13　把鼠标移动到起始锚点处　　　图4-14　闭合路径

4.2.3　路径的具体应用

"钢笔工具"的应用十分广泛，当要勾勒没有规则的外形时，使用它可以使操作变得十分简便。

如果要制作如图 4-15 所示的播放器图像，那么首先要用"钢笔工具"来绘制它的外形，如图 4-16 所示。

 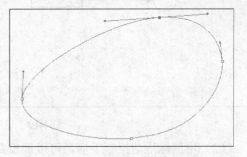

图 4-15　播放器　　　　　　　　　　　　　图 4-16　绘制播放器的外形

再如要制作如图 4-17 所示的汽车效果图，首先也需要用"钢笔工具"来绘制出它的外轮廓，如图 4-18 所示。

 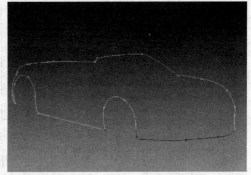

图 4-17　汽车效果图　　　　　　　　　　　图 4-18　绘制汽车的外轮廓

4.3　路径的调整

绘制完路径后，如果对路径有不满意的地方，则可以对它进行调整。在 Photoshop 中，调整路径的功能十分强大，下面来逐一讲解。

4.3.1　使用"转换点工具"

"转换点工具"是最常用的路径编辑工具，用它改变路径形状的操作方法如下。

（1）选择"转换点工具" ，在路径上单击鼠标，路径上会显示出所有的锚点，需要注意的是出现的控制手柄会因单击的位置不同而不同，单击处近邻的两个锚点将会出现控制柄，如图 4-19 所示。

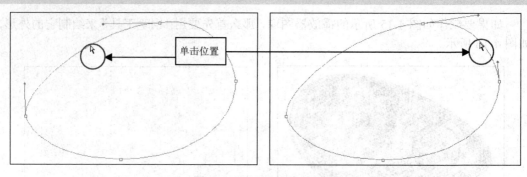

图 4-19　显示出所有的锚点

（2）用鼠标拖动控制手柄，可以调整路径的形状，如图 4-20 所示。

（3）用鼠标单击锚点，被单击的锚点处将出现尖角形状，如图 4-21 所示。

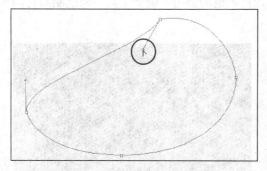

图 4-20　用鼠标拖动控制手柄

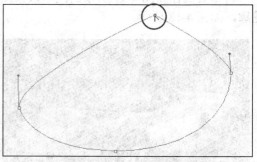

图 4-21　用鼠标单击锚点

（4）用鼠标拖动锚点，在该锚点处会出现双向控制柄，随着拖动可改变路径的形状，如图 4-22 所示。

（5）当出现双向控制柄后释放鼠标，然后拖动控制柄，可只改变所拖动处的手柄方向，如图 4-23 所示。

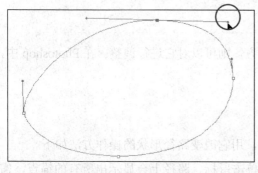

图 4-22　用鼠标拖动锚点

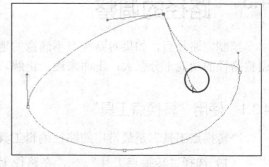

图 4-23　改变单向手柄方向

（6）按 "Ctrl" 键，此时可以临时切换到 "直接选择工具"，用鼠标拖动锚点，可调整它的位置，释放鼠标，可回到 "转换点工具" 状态，如图 4-24 所示。

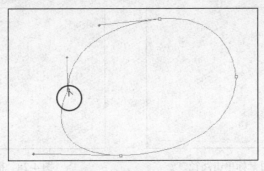

图 4-24　调整锚点的位置

4.3.2　使用"路径选择工具"和"直接选择工具"

1. 调整路径的位置

如果对路径的位置不太满意，则可以使用"路径选择工具" ▶ 进行调整，具体操作方法如下。

（1）选择"路径选择工具"后，选中路径，如图 4-25 所示。被选中的路径上的每个锚点都将处于实心状态，单击空白处可以取消对路径的选择。

（2）依然保持选择"路径选择工具"，拖动路径，路径会随着拖动而移动位置，如图 4-26 所示。

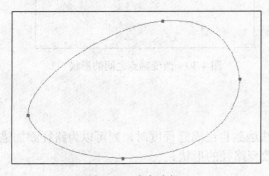

图 4-25　选中路径

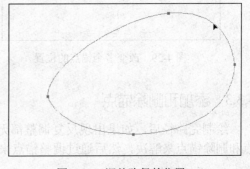

图 4-26　调整路径的位置

2. 调整锚点的位置

调整锚点的位置有两种方法。

- 方法一：选择"转换点工具"，按 "Ctrl" 键，会临时切换到"直接选择工具"，此时拖动锚点，即可改变它的位置。
- 方法二：选择"直接选择工具" ▶，单击路径，路径上会出现各个锚点，如图 4-27 所示。

用鼠标单击锚点，该锚点将被选中，用鼠标拖动选中的锚点，可改变该锚点的位置，如图 4-28 所示。

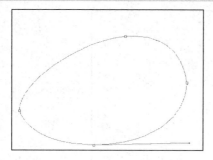

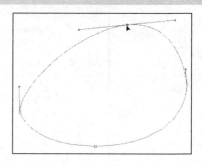

图 4-27　用鼠标单击路径　　　　　　　图 4-28　拖动锚点

用鼠标以拖拉的方式框选锚点，被框选的锚点将被选中，拖动鼠标，可改变多个被选中锚点的位置，如图 4-29 所示。

3．改变锚点间的形状

用鼠标拖动没有锚点处的路径，可改变两个邻近锚点之间的路径形状，如图 4-30 所示。

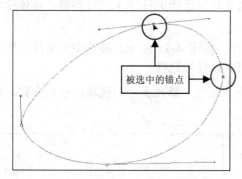

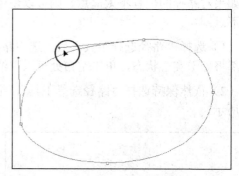

图 4-29　改变多个锚点的位置　　　　　图 4-30　改变锚点之间的形状

4.3.3　添加和删除锚点

绘制完路径后，如果出现反复调整都无法达到自己满意程度时，则可以为路径添加锚点和删除锚点来解决，然后通过调整锚点来改变路径的形状。

1．添加锚点

在工具箱中选择"添加锚点工具" ，把鼠标移动到需要添加锚点的位置处，此时光标为 形状，如图 4-31 所示。单击鼠标，单击处出现增加的锚点，如图 4-32 所示，用鼠标拖动新增的锚点，可调整锚点的位置，拖动控制手柄，调整路径的形状。

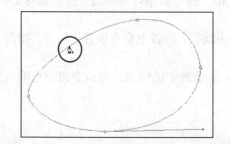

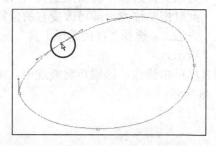

图 4-31　把鼠标移动到需要添加锚点的位置处　　　图 4-32　添加的锚点

2. 删除多余的锚点

在路径上如果有多余的锚点，则可以将其删除。

在工具箱中选择"删除锚点工具" 👆 ，把鼠标移动到不需要的锚点上，此时光标变成 ♣ 形状，如图 4-33 所示。用鼠标单击不需要的锚点，可以将其删除，如图 4-34 所示。

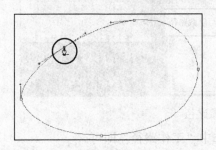 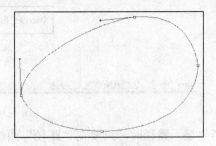

图 4-33　把鼠标移动到不需要的锚点上　　　　图 4-34　删除锚点

4.4　路径的应用

编辑完路径后，许多对路径的操作应用都需要配合"路径"面板来完成。

从菜单栏上执行"窗口"→"路径"命令，打开"路径"面板，如图 4-35 所示。

图 4-35　"路径"面板

专家点拨：

在默认情况下，"路径"面板位于"图层"面板组中，只要单击面板组中的"路径"选项卡即可切换到该面板。

在该面板中可以看到有一项"工作路径"，其中就存放了刚绘制的路径。

4.4.1　隐藏和删除路径

1. 隐藏路径

在制作图像过程中，为了防止影响其他元素的制作，往往需要将路径隐藏起来。隐藏路径并不是要删除路径，而是将路径暂时不显示，等需要的时候再将其显示。

其具体操作如下。

在"路径"面板上，单击"工作路径"下方的空白处，使"工作路径"处于没有被选中状态，这样该路径就将被隐藏了，如图 4-36 所示。

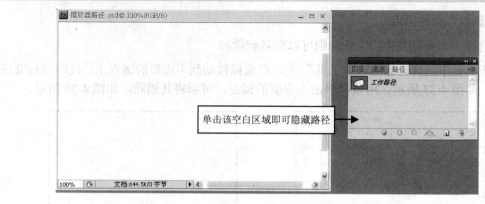

图 4-36　隐藏路径

当要显示路径时，只要在"路径"面板上选中"工作路径"即可。

2．删除路径

对于不再需要的路径，可以将其删除，删除路径的方法有多种，具体如下。

● 方法一：在"路径"面板上，选中要删除的路径，这里为"工作路径"，单击面板底部的"删除当前路径"按钮 🗑，在弹出的确认删除对话框中单击"是"按钮，即可删除当前路径，如图 4-37 所示。

● 方法二：在"路径"面板上，把需要删除的路径拖动到"删除当前路径"按钮 🗑 上即可将其删除，如图 4-38 所示。

图 4-37　确认删除对话框

图 4-38　将路径拖动到"删除当前路径"按钮上

专家点拨：

如果按住"Alt"键的同时，单击"路径"面板底部的"删除当前路径"按钮，则不弹出提示信息框，而直接删除路径。

● 方法三：选择工具箱中的"路径选择工具"，选中要删除的路径，按 "Delete" 键，即可将其删除。

4.4.2　将路径转换为选区

对于制作好的路径，为了制作的需要，我们常常需要将其转换为选区，转换为选区就可以进行其他的应用操作了。

在"路径"面板上，选中路径，单击"将路径作为选区载入"按钮 ○，如图 4-39 所示，即可将路径转换为选区，如图 4-40 所示。

图 4-39　单击"将路径作为选区载入"按钮

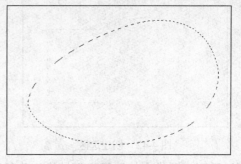

图 4-40　将路径转换为选区

专家点拨：

按住　"Ctrl"键的同时单击"工作路径"层，也可以将路径转换为选区。

　　创建完选区后，就可以进行各种操作了，如选择"渐变工具"，为选区设置一种渐变色填充，效果如图 4-41 所示。

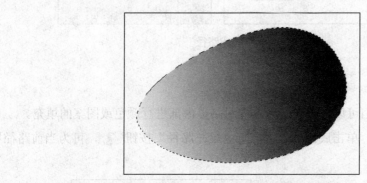

图 4-41　对选区进行渐变填充

4.4.3　将选区转换为路径

　　我们同样可以将选区转换为路径，然后对路径进行调整再转换为选区，用这种方法可以快速创建出复杂的选区。

　　具体操作方法如下。

　　（1）首先在图像上创建好一个选区，如图 4-42 所示。

　　（2）打开"路径"面板，单击"从选区生成工作路径"按钮，如图 4-43 所示。

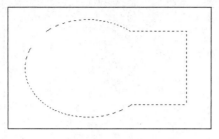

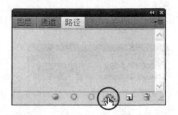

图 4-42　创建选区　　　　　　　　图 4-43　单击"从选区生成工作路径"按钮

可以看到，图像上的选区已经转换为路径了，同时在"路径"面板上增加了一项"工作路径"，如图 4-44 所示。

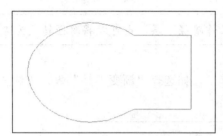

图 4-44　生成路径

4.4.4　填充路径

绘制好路径后，我们可以像填充选区一样对路径内部进行颜色或图案的填充。

打开"路径"面板，单击底部的"用前景色填充路径"按钮 ，可为当前路径填充前景色，如图 4-45 所示。

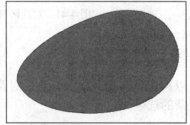

图 4-45　填充路径

可以继续绘制路径，然后对其进行填充。用这种方法可以快速得到各种图形造型效果，如图 4-46 所示。

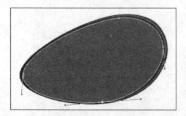

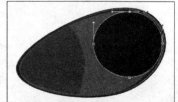

图 4-46　绘制出路径并填充

如果要设置填充路径的参数及样式，则可以按住"Alt"键的同时，单击"路径"面板底部的"用前景色填充路径"按钮 ●，弹出"填充路径"对话框，如图 4-47 所示。

该对话框中主要参数的含义说明如下。

● "使用"：用于选择填充的内容，有"前景色"、"背景色"、"颜色"和"图案"等 8 个选项。若选择"颜色"选项，在弹出的"拾色器"对话框中可以自定义要填充的颜色；若选择"图案"选项，则"自定图案"选项呈可用状态，在该下拉列表框中选择要填充的图案即可，如图 4-48 所示。

图 4-47　"填充路径"对话框

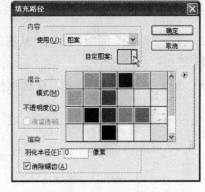

图 4-48　填充图案

● "模式"：用于选择填充内容的混合模式。
● "羽化半径"：在该数值框中输入相应数值，可以使填充具有柔和效果。
● "消除锯齿"：勾选该复选框，可消除填充时的锯齿。

专家点拨：

在填充路径时，如果当前图层处于隐藏状态，则"用前景色填充路径"按钮不可用。

4.4.5　对路径进行描边

利用"描边路径"功能可以制作各种带有特色的图像。要为路径描边，首先需要设置画笔效果，然后单击"路径"面板中的"用画笔描边路经"按钮实现路径的描边。

下面以制作一个特效文字的案例进行说明。

如图 4-49 所示，根据图中的文字来制作一种带描边的特效。其操作步骤如下。

PSCS4

图 4-49　输入的文字

（1）打开"图层"面板，按住"Ctrl"键，单击文字图层的图标，得到选区，如图 4-50

所示。

图 4-50　将文字载入选区

（2）打开"路径"面板，单击"从选区生成工作路径"按钮，将文字选区转换为路径，如图 4-51 所示。

（3）选择"画笔工具" ，在选项栏中设置画笔的样式和大小，如图 4-52 所示。

图 4-51　将选区转换为路径　　　　　　图 4-52　设置画笔的样式和大小

（4）在"图层"面板中，单击"创建新图层"按钮 ，新建一个图层，如图 4-53 所示。在"路径"面板中，单击"用画笔描边路经"按钮 ，如图 4-54 所示。

图 4-53　新建一个图层　　　　　　　图 4-54　单击"用画笔描边路经"按钮

（5）在"路径"面板的空白处单击，隐藏路径，可以看到显示出来的效果有一种独特的创造性，如图 4-55 所示。

图 4-55　生成的描边效果

4.5　绘制形状

使用绘制路径的工具均可以绘制出形状，只要在绘制之前，在选项栏上按下"形状图层"按钮 □ 即可。

下面来具体介绍。

4.5.1　绘制矩形

在工具箱中选择"矩形工具" □，它的选项栏如图 4-56 所示。

图 4-56　"矩形工具"的选项栏

该选项栏的参数意义与"钢笔工具"一样，这里不再赘述。如果要绘制形状图层，则需要按下"形状图层"按钮 □。

1．绘制的方法

选择了工具后在图像上拖动鼠标，即可绘制出矩形，在拖动鼠标的同时按住"Shift"键，可绘制出正方形，如图 4-57 所示。如图 4-58 所示为绘制出两个图形后的图层面板，上面显示了"形状 1"和"形状 2"两个矢量蒙版，这表示现在绘制出的是矢量图形。

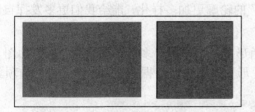

图 4-57　绘制矩形和正方形

双击颜色图标可以设置颜色

图 4-58　"图层"面板

2．修改颜色

绘制出的图形颜色由工具箱中的前景色决定，如果对填充颜色不满意，可以在选项栏上单击"颜色"右侧的颜色块按钮，然后进行修改；也可以双击图层面板上的颜色图标，如图 4-58 所示，然后在弹出的"拾色器"对话框中进行设置。

4.5.2 绘制圆角矩形

选择"圆角矩形工具" ，使用它可以创建出带圆角的矩形，该选项栏如图 4-59 所示。与"矩形工具"不同的是它增加了"半径"参数。

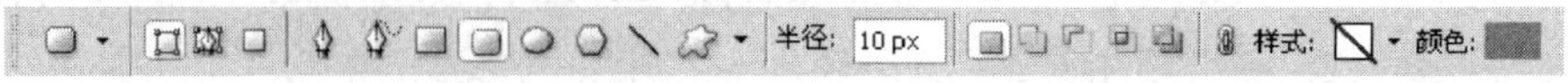

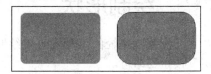

图 4-59　"圆角矩形工具"的选项栏

在"半径"选项中可以设置圆角的半径，数值越大，矩形的圆角越大，越平滑，取值为 0 时是直角矩形。

如图 4-60 所示的是"半径"分别为 10px 和 30px 时的效果。

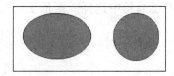

图 4-60　圆角矩形效果

4.5.3 绘制椭圆和圆

选择"椭圆工具" ，它的选项栏与"矩形工具"的选项栏一样。

在图像上拖动鼠标，可绘制出一个椭圆，在拖动鼠标的同时按住"Shift"键，可绘制出正圆形，如图 4-61 所示。

图 4-61　绘制出的椭圆和正圆

4.5.4 绘制多边形

使用"多边形工具" 可以绘制出各种边数的多边形，它的选项栏如图 4-62 所示。其中的"边"参数栏，用来设置多边形的边数，取值范围为 3～100。

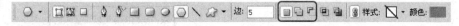

图 4-62　"多边形工具"选项栏

与上面的几个工具相比，"多边形工具"的轮廓更加多样化，能给我们更多发挥自己想象力的空间。

单击"自定形状工具" 右侧的下三角形按钮，弹出"多边形选项"面板，如图 4-63 所示。其中包括"半径"、"平滑拐角"、"星形"、"缩进边依据"和"平滑缩进"选项。

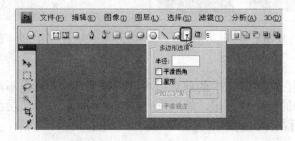

图 4-63　"多边形选项"面板

各参数的含义如下。

- "半径": 多边形的半径长度, 单位为像素。
- "平滑拐角": 勾选此复选框, 可以使多边形具有平滑的拐角, 多边形的边数越多则越接近圆形。
- "星形": 勾选此复选框后, 创建的将是星星形状。
- "缩进边依据": 勾选中此复选框, 可以使图形的各边呈星状向中心缩进。
- "平滑缩进": 勾选此复选框, 可以使图形的各边平滑地向中心缩进。

如图 4-64 所示的是绘制的各种图形, 其中边数都为 5。

图 4-64 绘制多边形

4.5.5 绘制直线

使用"直线工具" ⬊ 可以绘制不同粗细的直线和带箭头的线段。选择"直线工具" ⬊, 该选项栏如图 4-64 所示, 可以看到在其中可以设置直线的粗细。

图 4-65 "直线工具"选项栏

单击"自定形状工具" 🗹右侧的下三角按钮, 弹出"箭头"面板, 如图 4-66 所示。

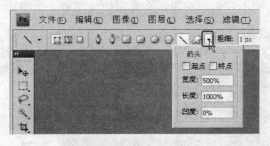

图 4-66 "箭头"面板

各参数的含义如下。

- "起点"和"终点": 勾选"起点"复选框, 可以使绘制出来的直线, 其起点带上箭头形状; 勾选"终点"复选框, 可以使绘制出来的直线, 其终点带上箭头形状。
- "宽度": 用来控制箭头宽度和线段宽度的比值, 可以输入 10%～1000%之间的数值。
- "长度": 用来控制箭头长度和线段宽度的比值, 可以输入 10%～5000%之间的数值。
- "凹度": 用来设定箭头中央凹陷的程度, 可以输入-50%～50%之间的数值。

专家点拨：

在绘制直线时，按住 "Shift" 键，可以使直线的方向控制在 0°、45°、90° 固定的角度。

如图 4-67 所示的是绘制出的各种线。

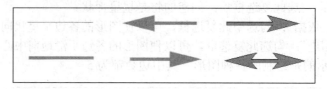

图 4-67　绘制出的各种线

4.5.6　绘制自定形状

利用"自定形状工具"[图]可以绘制出多变的图像。选择"自定形状工具"[图]后，可在选项栏中单击"形状"右侧的下三角按钮，弹出"形状选项"列表，如图 4-68 所示。选择一种形状后，用鼠标在图像中拖动，即可绘制出所选择的形状。

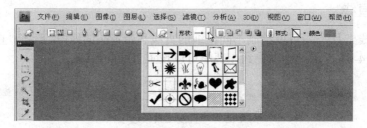

图 4-68　定义绘制的形状

单击该列表右上角的小三角形按钮，会弹出快捷菜单，如图 4-69 所示。

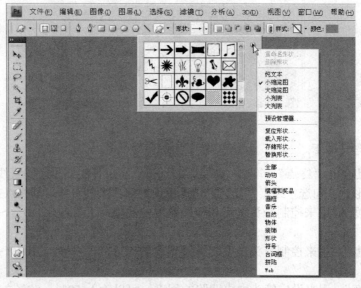

图 4-69　载入形状菜单

在菜单中可以选择各种形状。选择"全部"命令，可使 Photoshop 自带的这些形状全部显示出来。

4.5.7　案例应用

下面来绘制一个简单的按钮，完成后的效果如图 4-70 所示。

图 4-70　制作的按钮

其操作步骤如下。

（1）新建一个图像文件，在工具箱中选择"矩形工具"，设置"颜色"为"灰色"，在选项栏中按下"形状图层"按钮，绘制出一个矩形，如图 4-71 所示。

（2）打开"样式"面板，选择"雕刻天空"样式，图形出现斜角蓝白色立体按钮，如图 4-72 所示。

图 4-71　绘制矩形　　　　　　　　　　图 4-72　应用样式

（3）打开"图层样式"对话框，为按钮添加投影效果，如图 4-73 所示。

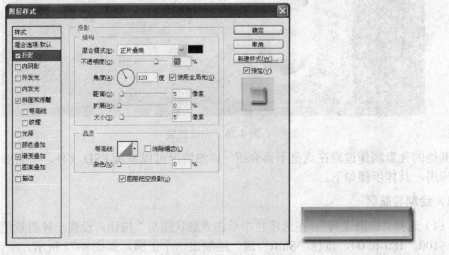

图 4-73　添加投影

（4）选择"自定义形状工具"，设置"颜色"为"白色"，选择"形状"为"✔"，在按钮上的左侧绘制图形，如图 4-74 所示。

（5）最后输入文字，完成制作，如图 4-75 所示。

图 4-74　添加图形　　　　　　　　　图 4-75　完成制作

4.6　综合应用

通过以上基础知识的学习，下面来对它们进行综合应用。

4.6.1　制作一个网站主页

下面来制作一个网站主页，完成后的效果如图 4-76 所示。在制作过程中将广泛应用了路径工具。

图 4-76　完成效果

其他的元素制作过程在这里不再介绍，详细情况可以参考 PSD 文件，下面着重介绍路径的应用，具体步骤如下。

1．绘制导航区

（1）选择"椭圆工具"，在选项栏中单击"形状图层"按钮，设置一种前景色，"RGB"值为（100、180 和 0），按住"Shift"键，绘制出一个正圆，如图 4-77 所示。

（2）在"图层"面板上，将正圆所在图层拖动到"创建新图层"按钮上，复制出一个图层，对复制出的圆的颜色进行重新设置，"RGB"值为（125、190 和 10）。

（3）执行"编辑"→"自由变换"命令，在选项栏中单击"保持长宽比"按钮 ，在"W"（水平）参数框中输入"80%"，按回车键完成自由变换，如图 4-78 所示。

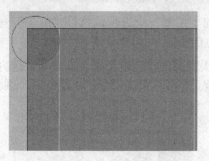

图 4-77 绘制圆形   图 4-78 复制正圆并调整参数

（4）选择正圆副本层，再复制出一层，设置颜色的"RGB"值为（100、180 和 0），"高度"和"宽度"缩小"80%"。再选择正圆副本 2 层，复制图层，设置颜色为第一个圆的颜色，"高度"和"宽度"缩小"80%"。两种颜色交替使用，并在每次复制出圆的时候分别设置"高度"和"宽度"缩小"80%"，共复制 4 层，效果如图 4-79 所示。

2．绘制主体及导航背景的基本形状

（1）激活"路径"面板，单击"路径"面板底部的"创建新路径"按钮 ⬜，选择"圆角矩形工具"，在选项栏中按下"路径"按钮，设置"半径"值为"5px"，绘制出圆角矩形，如图 4-80 所示。

图 4-79 复制图形并调整参数   图 4-80 绘制主体基本图形

（2）单击"路径"面板底部的"将路径作为选区载入"按钮，切换到"图层"面板，单击"创建新图层"按钮，选择"渐变工具"，按下选项栏上的"线性"按钮，设置前景色为"白色"，背景色的"RGB"值为（175、215 和 95），在选区中创建出渐变填充，如图 4-81 所示。

（3）选择"矩形选框工具"，在窗口右下角绘制选框，激活"图层"面板，单击"图层"面板底部的"创建新图层"按钮，创建新图层。将前景色填充到选区中，如图 4-82 所示。

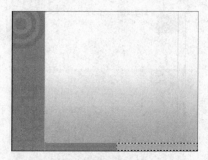

图 4-81 填充渐变   图 4-82 填充渐变

（4）选择"矩形选框工具"，从页面顶端向下绘制一个选框，执行"编辑"→"自由变换"命令，在窗口中调整图形左侧中间控制点的位置，如图 4-83 所示。

（5）激活"路径"面板，单击"路径"面板底部的"创建新路径"按钮，选择"圆角矩形工具"，在选项栏中按下"路径"按钮，设置"半径"值为"5px"，绘制两个圆角矩形，如图 4-84 所示。

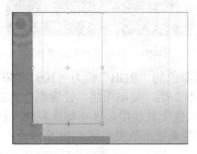

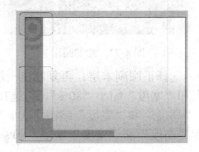

图 4-83 调整图形的大小　　　　　　　　　　　图 4-84 绘制路径

（6）单击"路径"面板底部的"将路径作为选区载入"按钮，激活"图层"面板，按"Delete"键删除选区中的图形，选区中显示出背景色和图案，如图 4-85 所示。

（7）取消选区，激活"路径"面板，单击"路径"面板底部的"创建新路径"按钮，选择"圆角矩形工具"，在选项栏中按下"形状图层"按钮，设置"颜色"为"白色"，设置"半径"值为"20px"，在如图 4-86 所示的位置上绘制圆角矩形。

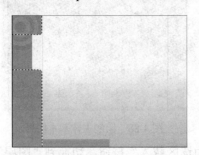

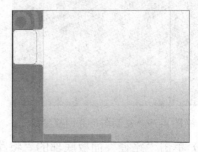

图 4-85 删除选区内的图形　　　　　　　　　　图 4-86 绘制导航区背景

3. 绘制主体点

（1）选择"椭圆工具"，在选项栏中按下"形状图层"按钮，设置颜色的"RGB"值为（245、250 和 235），按住"Shift"键在内容区域中绘制一个大圆，如图 4-87 所示。

（2）使用同样的方法绘制 3 个不同尺寸的小圆，如图 4-88 所示。

图 4-87 绘制大圆　　　　　　　　　　　　图 4-88 绘制小圆

（3）执行"文件"→"置入"命令，在打开的"置入"对话框中选择"产品.psd"，单击"置入"按钮完成置入。然后调整对象到大圆图形上，按回车键完成调整，再置入文件"产品2.psd"，调整位置如图4-89所示。

（4）再绘制两个白色的圆点，调整它们的大小比另两个背景圆半径各小2个像素，如图4-90所示。

图 4-89　置入图片　　　　　　　　　　图 4-90　绘制两个白色的圆点

（5）激活"图层"面板，单击"图层"面板底部的"创建新图层"按钮，设置前景色的"RGB"值为（125、190和10）；激活"路径"面板，单击"路径"面板底部的"创建新路径"按钮，选择"钢笔工具"，绘制树叶路径，使用"转换锚点工具"和"直接选择工具"调整路径，单击"路径"面板底部的"用前景色填充路径"按钮，效果如图4-91所示。

图 4-91　绘制树叶

4．绘制内容区域

（1）选择"矩形工具"，在选项栏中按下"形状图层"按钮，设置颜色的"RGB"值为（125、190和10），绘制一个矩形，再绘制一个等宽的矩形，设置颜色"RGB"值为（155、155和155），如图4-92所示。

（2）选择"直线工具"，在选项栏中按下"形状图层"按钮，设置"粗细"的值为"1px"，绘制一条直线。然后执行"图层"→"图层样式"→"渐变叠加"命令，打开"图层样式"对话框，单击渐变样式条，打开"渐变编辑器"对话框，添加一个渐变色标，设置3个渐变色标颜色的"RGB"值为（240、250和225）、（125、190和10）和（240、250和225），设置两个"颜色终点"的位置参数值为"20%"和"80%"，效果如图4-93所示。

| 图 4-92 绘制矩形 | 图 4-93 绘制直线 |

（3）选择"直线工具"，在选项栏中按下"形状图层"按钮，设置"粗细"的值为"1 px"，在选项栏中打开"样式"的下拉列表，单击样式面板中右上角的三角按钮，选择"虚线笔划"命令，如图 4-94 所示，在页面中绘制一条虚线，在"图层"面板中设置"不透明度"为"20%"。

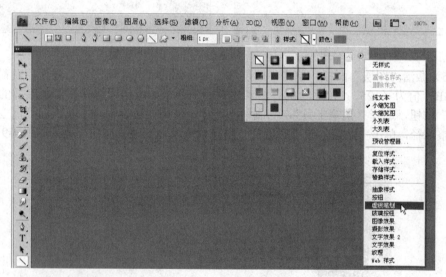

图 4-94 选择"虚线笔划"命令

（4）复制两层"虚线"层，使用"移动工具"调整其位置，如图 4-95 所示。

图 4-95 绘制虚线

5．修饰导航

（1）激活"路径"面板，单击"路径"面板底部的"创建新路径"按钮，选择"圆角矩形工具"，在选项栏中按下"路径"按钮，设置"半径"值为"20;x"，绘制圆角矩形。然后使用"转换锚点工具"和"直接选择工具"调整路径，效果如图 4-96 所示。

（2）单击"路径"面板底部的"将路径作为选区载入"按钮，切换到"图层"面板，单击"图层"面板下方的"创建新图层"按钮，选择"渐变工具"，在选项栏上按下"线性"按钮，打开"渐变编辑器"对话框，增加一个渐变色标和不透明度色标，3 个渐变色标的渐变颜色都为"白色"，两端和中间的"不透明度"值分别为"0%"、"100%"和"0%"，在页面选区中从上到下填充渐变。

（3）执行"滤镜"→"模糊"→"高斯模糊"命令，打开"高斯模糊"对话框，设置"半径"的值为"5px"，单击"确定"按钮完成模糊效果。选择工具箱中的"涂抹工具"，涂抹左边，效果如图 4-97 所示。

图 4-96　绘制高光　　　　　　　　　　图 4-97　绘制高光

（4）在"图层"面板中复制"高光"层，执行"编辑"→"变换"→"垂直翻转"命令，使用"移动工具"调整位置，如图 4-98 所示。

（5）选择"直线工具"，绘制虚线，复制 3 层虚线层，使用"移动工具"调整位置，如图 4-99 所示。

（6）用同样的方法，使用"矩形工具"绘制出 5 个矩形，并为它们填充上渐变色，效果如图 4-100 所示。

图 4-98　复制高光　　　　图 4-99　绘制虚线　　　　图 4-100　绘制渐变

6．绘制树叶

（1）选择"钢笔工具"，在选项栏中按下"形状图层"按钮，设置颜色"RGB"值为（95、150 和 10），绘制出树叶的路径，使用"转换锚点工具"和"直接选择工具"调整路径的形状，如图 4-101 所示。

（2）复制树叶图形所在的图层，将填充颜色"RGB"值设置为（120、165 和 45），使用"转换锚点工具"和"直接选择工具"调整路径的形状，如图 4-102 所示。

图 4-101　绘制树叶（一）　　　　　　　　　图 4-102　绘制树叶（二）

（3）用同样的方法绘制出其他树页。

到这里，网页中的图形绘制完成，其他的元素只需要从外部置入图像和输入文本的方式进行添加即可。

4.6.2　使用路径提取图像

下面我们使用路径来提取图像，这是路径工具最常用的应用之一。

已知有两幅图像，如图 4-103 所示。

图 4-103　已知的两幅图像

要求提取左图中的路灯图像到右图中，完成后的效果如图 4-104 所示。

图 4-104　完成后的效果

其操作步骤如下。

（1）打开素材图片文件"路灯.jpg"，如图 4-105 所示。

（2）选择工具箱中的"缩放工具"，在图像上拖动鼠标，放大需要绘制路径的区域。

（3）选择"钢笔工具"，在选项栏上按下"路径"按钮，在"路灯"图像的边缘处单击鼠标，确定路径的起始点，如图 4-106 所示。

图 4-105　打开"路灯.jpg"图像　　　　　图 4-106　确定路径的起始点

（4）沿"路灯"图像边缘移动鼠标，单击鼠标，确定路径的第二个锚点，此时不要松开鼠标，而是拖动鼠标，锚点处会出现两个控制手柄，如图 4-107 所示。

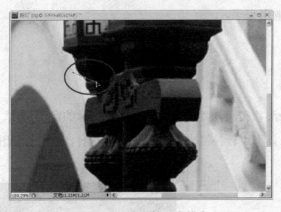

图 4-107　确定第二个锚点

（5）按住 "Alt" 键，把鼠标移动到手柄的控制点上，拖动它将路径调整到与路灯的边线保持重合。

（6）按照上面的方法，沿路灯的边缘制作路径。在绘制过程中由于图像被放大显示而出现了滚动条，因此在需要的时候可按下键盘上的空格键，此时可以临时切换到"抓手工具"，拖动鼠标，可以移动画面。

（7）最后把鼠标移动到路径的起始点，此时，鼠标的右下角会出现一个小圆圈，单击鼠标，完成一个封闭的路径图形。

（8）打开"路径"面板，可以看到，在面板中出现了绘制的"工作路径"。为了提取图像，需要把路径转换为选区。

（9）在"路径"面板中选中"工作路径"，单击面板下方的"将路径作为选区载入"按钮，如图 4-108 所示，将路径转换成选区。

（10）通常在提取图像前要对选区做羽化处理，为的是所选的图像更加光滑。执行"选择"→"修改"→"羽化"命令，弹出"羽化选区"对话框，设置"羽化半径"为 1 像素，单击"确定"按钮，如图 4-109 所示。

图 4-108　将路径转换为选区　　　　　　　　图 4-109　设置"羽化半径"

（11）得到羽化的选区后，按"Ctrl+C"组合键，复制选中的路灯图像，打开图 4-103 中右图的图像，再按"Ctrl+V"组合键粘贴刚复制的图像，调整好位置。

这样就将图像提取出来了。

4.7　操作题

1. 综合使用路径形状工具，绘制出如图 4-110 所示的盒子形状。

2. 使用"钢笔工具"、"转换锚点工具"、"直接选择工具"绘制出如图 4-111 所示的汽车路径。

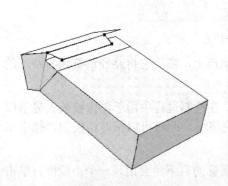

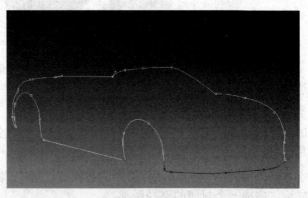

图 4-110　绘制盒子形状　　　　　　　　　　图 4-111　汽车路径

第 5 章　色彩的调整

内容简介

　　对于平面设计来说，色彩无疑是非常关键的一个环节，Photoshop 具有非常专业的色彩处理功能。在本章中，我们将首先来学习关于色彩的基础知识，然后通过案例解析 Photoshop CS4 中强大的色彩调整功能。

本章导读

- 色彩的基本知识。
- 各种调整命令的使用方法。
- 调整各种缺陷照片的方法和技巧。

5.1　色彩的认识

　　在进行色彩应用之前，首先来简单了解一些关于色彩的基本知识，这样有助于后面对 Photoshop 中色彩调整命令的理解。如果对色彩已经比较了解，那么可以跳过本部分的学习。

5.1.1　色彩的产生

1．RGB 模式的产生

　　色彩是通过太阳光、人造光、生物光等发光的物体作用下来体现的，没有光一切都将在黑暗中，色彩将无从谈起。

　　通过三棱镜折射可将太阳白色光分解（白光也称为自然光），得到可见的红、橙、黄、绿、青、蓝、紫，我们称之为"七色光"。七色光中仍然有合成光，通过科学家研究发现，色彩是由 3 种不可分解与合成的红、绿、蓝三色光相互混合而成的，我们称红、绿、蓝 3 种颜色为"光学三原色"。红色英文为 Red，简称 R；绿色英文为 Green，简称 G；蓝色英文为 Blue，简称为 B，光学三原色简称为我们常常可以听到的 RGB，在 Photoshop 中使用的就是 RGB 模式，如图 5-1 所示。

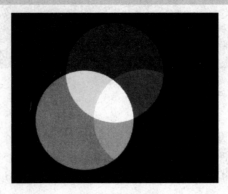

图 5-1　光学三原色

2．CMYK 模式的产生

当我们用颜料混合出想要的颜色时，并不是完全雷同于光学混合色的方式，比如绿色颜料和红色颜料混合后出现黑灰色，但在光色里，绿光和红光混合出现的却是黄色光，这就产生了物料混合的方式。物料混合的方式不同于光混合的方式，它有自己的特性。

物料颜色经过分解与合成，最终发现红、黄、蓝成为不可分解的三原色，在印刷等物料输出上，青、品红、黄被定为三原色，这 3 种颜色混合在一起成为黑灰色，这完全不同于光学三原色混合后的白色，如图 5-2 所示，

物料混合中黑灰色并不是最黑色，加上黑色，成为四色，四色混合成为最黑色。青色的英文为 Cyan，简称 C；品红的英文为 Magenta，简称 M；黄色的英文为 Yellow，简称 Y；黑色的英文为 Black，简称 K，这就是我们常常听说的用于印刷领域的 CMYK 模式，通过这 4 种颜色可以合成几乎所有的颜色。

图 5-2　物料三原色

5.1.2　色环

通过色环可以了解配色的原理，洋红、黄、青为三原色，其他颜色都是混合色，如橙色是由黄和洋红混合得到，我们通常所说的大红，也是由黄和洋红混合得到，区别就在于比例的不同。三原色之间的颜色都叫间色，如橙色、绿色、青紫等。通过色环我们可以了解到颜色的组成，在以后用色当中要做到看到颜色就能分析出它由哪些原色组成，如图 5-3 所示。

图 5-3　色环

5.1.3 色彩的色相、明度、纯度

色彩的"色相"、"明度"和"纯度"是色彩的 3 要素。

- 色相：是指色彩的相貌，就是我们平时经常说的红色、橙色、绿色等。
- 明度：是指色彩的明暗程度。白色明度最高，黑色明度最低。对于在色环上找不到的颜色，可以对某个色彩加白或加黑，使得该色彩变亮或者变暗来得到。

不同色相的明度也不同，黄色明度高，红、蓝色明度低。任何一种色相如调入白色，都会提高明度，白色成分越多，明度也就越高；任何一种色相如调入黑色，都会降低明度，黑色越多，明度越低。

- 纯度：是指色彩的鲜艳程度，又叫饱和度。一般来说任何颜色混入了其他颜色，都会使原有颜色变得不纯，色彩的纯度是相对而言的，如柠檬黄是最纯的，混入一定的青色，成为了绿色，对混合后的绿色来说，是纯色，但对于黄色来说，就不纯了，所以判断色彩纯不纯关键是对混入色之前的色彩来说的。

色彩纯度的高、低、强、弱是由混入其他杂色的多少来决定的，通常情况下用混入灰色来决定。色相、明度和纯度中的任何一种发生变化，剩余两种也都会相应的改变。在Photoshop 中可以使用"色相/饱和度"对话框来调整三者之间的关系，色相可以改变画面的颜色，饱和度使画面在鲜艳与灰度之间改变纯度，明度可以改变画面的明暗，如图 5-4所示。

图 5-4 "色相/饱和度"对话框

5.1.4 其他色彩模式

除了前面介绍的 RGB 和 CMYK 模式外，还有"灰度"、"位图"和"Lab 颜色"等模式。

在 Photoshop 中新建一个文件的时候，可以选择颜色模式，如图 5-5 所示；也可以通过选择"图像"→"模式"菜单中的命令，将图像在各模式之间进行切换，如图 5-6 所示。

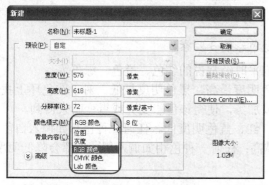

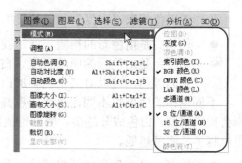

图 5-5　在"新建"对话框中选择颜色模式　　　图 5-6　菜单中的颜色模式命令

其他模式的介绍如下。

1. 位图模式

位图模式是一种黑白模式。位图模式的图像也被称为黑白图像。因为其深度为 1，也称为"一位图像"。

由于位图模式只用黑、白色来表示图像的像素，在将图像转换为位图模式时会丢失大量细节，因此 Photoshop 提供了几种算法来模拟图像中丢失的细节。在宽度、高度和分辨率相同的情况下，位图模式所占的存储空间小，约为灰度模式的 1/7、RGB 模式的 1/22 以下，但是色彩单一，没有过渡色。

2. 灰度模式

灰度模式是无色彩的模式，即纯白、纯黑及两者中的一系列从黑到白的过渡色，不存在红色、黄色等颜色。灰度图像的每个像素取值范围为 0~255，0 表示"黑色"，255 表示"白色"，其他值为"黑色"与"白色"之间的过渡色。

一幅彩色图像选择灰度模式后，它的彩色信息将全部丢失，即使以后再选择彩色模式，其颜色也不能恢复。

3. Lab 模式

以两个颜色分量 A 和 B 及一个亮度分量 L 来表示，其中 A 的值由"绿色"渐变到"红色"，B 的值由"蓝色"渐变到"黄色"，再结合"亮度"的变化来模拟各种各样的颜色。

4. 索引颜色模式

索引颜色模式是用于网上和动画中常用的图像模式。

索引模式最多使用 256 种颜色，当图像转换为索引模式后，通常会构建一个调色板来存放索引图像的颜色。如果原图像中的一种颜色没有出现在调色板中，那么软件会自动选取已有颜色中最接近的颜色来模拟该颜色。

5. 多通道模式

该模式利用色相、饱和度、亮度来表示颜色。"色相"表示不同波长的光谱值；"饱和度"表示颜色的浓度；"亮度"表示颜色的明暗程度。

6. 双色调模式

只能在灰度图像的情况下才可以选择双色调模式。该模式分 4 种类型，即单色调、双色调、三色调和四色调。在每个色调中调整颜色，画面整体颜色会变为油墨的混合色。

　　各种颜色模式的图像在一定范围内可以相互转换，比如可以将 RGB 模式的图像转化为 CMYK 模式的图像，这样，图像就可以用来打印输出、印刷等，但模式之间的转换在色彩上会造成一定程度的损失。在一般情况下，我们设置为 RGB 色彩模式，以保证色彩的饱满。而位图模式只能与灰度模式相互转换。

5.2　Photoshop 中的色彩调整功能

　　Photoshop CS4 的色彩调整功能非常强大，下面来大致介绍一下这些功能。从菜单栏上打开"图像"→"调整"命令，如图 5-7 所示，其中是各种调整色彩的命令。

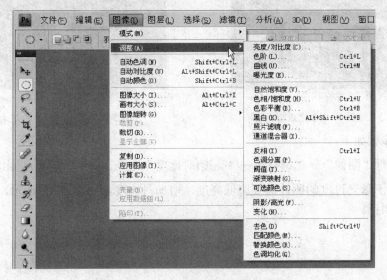

图 5-7　Photoshop CS4 的色彩调整功能

　　这些命令都是调整色彩的命令，而且各有自己的特点，譬如利用"色阶"、"曲线"、"色彩平衡"、"亮度/对比度"等命令主要以调整图像的对比度为主，改变色彩为辅；而"色相/饱和度"、"匹配颜色"、"替换颜色"等命令以改变色彩为主。

　　下面进行具体介绍。

5.2.1　亮度/对比度的调整

　　"亮度/对比度"用来调整图像的明暗效果。下面打开两幅图像，如图 5-8 和图 5-9 所示，这两幅图像存在曝光过度和不足的问题，下面进行具体调整。

图 5-8　打开"曝光过度.jpg"

图 5-9　打开"曝光不足.jpg"

其操作步骤如下。

（1）执行"图像"→"调整"→"亮度/对比度"命令，弹出"亮度/对比度"对话框。

（2）对于曝光过度的照片需要降低亮度，增加对比度，如图 5-10 所示，使曝光过度的照片得到纠正。

图 5-10　向左调整亮度，向右调整对比度

（3）对于曝光不足的照片向右调整为增加亮度和增加对比度，如图 5-11 所示，使曝光过度的照片得到纠正。

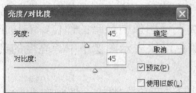

图 5-11　向右调整亮度和对比度

5.2.2　色阶的调整

"色阶"是调整图像中各种色彩明暗的命令。下面打开一幅图片，如图 5-12 所示，然后来调整它的色阶，通过调整学习设置色阶的方法。

执行"图像"→"调整"→"色阶"命令，或者按"Ctrl+L"组合键，弹出"色阶"对话框，如图 5-13 所示。

图 5-12　打开的图像

图 5-13　"色阶"对话框

1. 调整方法

在"色阶"对话框中的参数说明如下。

- "预设"：在该下拉列表中可以选择已经预先设置好的项目，如图 5-14 所示，这有助于快速处理有缺陷的图片，对于色彩不太了解的初级用户尤其有用。使用方法非常直观，譬如想让图片亮一些，那么可以选择"较亮"选项等。
- "通道"：在其中可以指定需要调节的通道，然后只针对所选通道的色阶进行调整。关于通道的知识，我们将在后面进行介绍。
- "输入色阶"：在"输入色阶"的下方为输入色阶的图像，图像下方是输入色阶的参数值设置。"输入色阶"的图像准确描述了

图 5-14 "预设"下拉列表

当前图像的像素分布状况，"输入色阶"图像的下方有"黑色" ▲、"灰色" ▲ 和"白色" △ 3 个滑块。左边的"黑色"滑块表示图像中最暗的部位，右边的"白色"滑块表示图像中最亮的部位，中间的灰色滑块表示图像中中等亮度的部位。

其调整方法如下。

（1）向右调整左边的"黑色"滑块和中间的"灰色"滑块，使画面变暗，Photoshop 会认为该"黑色"滑块以左的部分都为"黑色"，所以图像会变得偏暗，如图 5-15 所示。

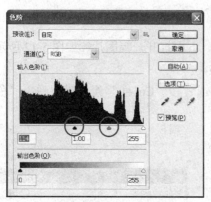

图 5-15 向右调整左边的"黑色"和中间的"灰色"滑块

（2）向左拖动右边的"白色"滑块和中间的"灰色"滑块，Photoshop 会认为该"白色"滑块以右的部分为"白色"，从而使画面变亮，如图 5-16 所示。

图 5-16　向左拖动"白色"和"灰色"滑块

（3）如果将左端的"黑色"滑块和右端的"白色"滑块分别向中间拖动，将使图像中原来亮的部位更亮，暗的部位更暗，将拉开画面的明暗差别，也就是明暗的对比度增加，如图 5-17 所示。

图 5-17　向中间拖动"黑色"和"白色"滑块

2. 制作特殊图像元素

利用以上介绍的基本原理，可以将一些有缺陷的图像进行适当的调整，也可以制作一些特殊的图像元素，如将如图 5-18 所示的图片，可以处理成如图 5-19 所示的效果。

图 5-18　原始图片　　　　　　　　　　图 5-19　处理后的图片

其操作方法如下。

（1）按"Ctrl+L"组合键，打开"色阶"对话框，在"通道"下拉列表中选择"蓝"通道。

（2）在"输入色阶"图像的下方，将"黑色"和"灰色"滑块调整到最右侧，使蓝色变成最深的颜色，去掉图像中所有的蓝色，如图5-20所示。

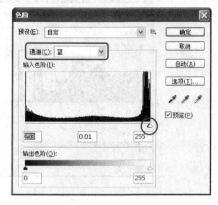

图 5-20　设置色阶

专家点拨：

如果对已经设置好的参数不满意，需要重新设置，那么不必单击"取消"按钮进行取消，只要按住"Alt"键，此时"取消"按钮将变成"复位"按钮，单击该按钮即可使对话框中的设置变成默认打开时的状态。

5.2.3　曲线的调整

"曲线"是一个多功能的色彩调整命令，用来调整图像的色相，同时还可以调整色彩的明暗。下面打开一幅图像进行调整，如图5-21所示，通过调整学习曲线命令的使用方法。

执行"图像"→"调整"→"曲线"命令，或按"Ctrl+M"组合键，弹出"曲线"对话框，如图5-22所示。

图 5-21　打开一幅图像

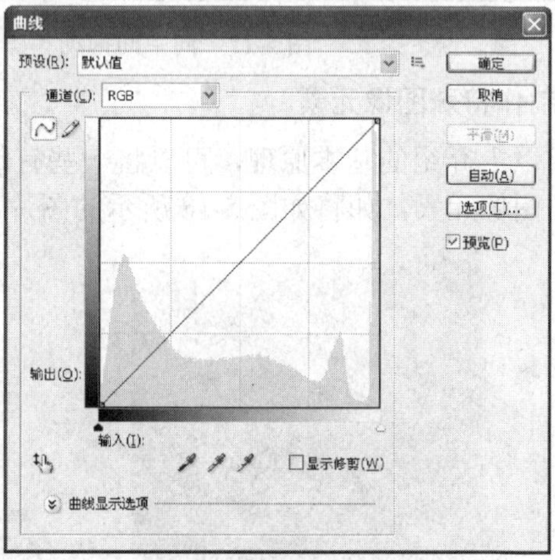

图 5-22　"曲线"对话框

1. 调整方法

在"曲线"对话框的曲线上单击，单击处可增加一个控制点，用此方法可以在曲线上添加若干个控制点，不过添加过多的控制点会造成图像色彩明暗对比过于强烈。

（1）用鼠标向上拖动控制点，可增加画面的亮度，如图 5-23 所示。

专家点拨：

按下对话框中的 ～ 按钮，表示用鼠标单击来确定控制点，以调整曲线；按下 ✎ 按钮，表示用鼠标绘制来调整曲线；按下 ✋ 按钮，表示用鼠标在画面上单击并拖动，可修改曲线。

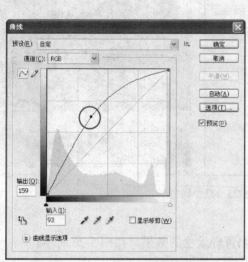

图 5-23　向上拖动控制点

（2）用鼠标向下拖动控制点，可使图像画面变暗，如图 5-24 所示。

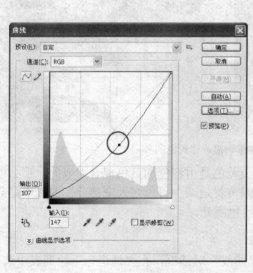

图 5-24　向下拖动控制点

（3）利用"通道"可以对所选的通道颜色进行调整，如我们要减少画面中的绿色，那么可以在"通道"的下拉列表中选择"绿"通道，然后向下调整曲线，如图 5-25 所示。

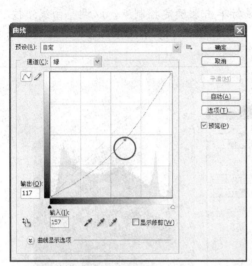

图 5-25　减少绿色

2．制作黄昏景色

下面我们用"曲线"命令来制作一幅黄昏景色的效果，如图 5-26 所示。

图 5-26　制作一幅黄昏景色的效果

在黄昏画面中，天空是金黄色的，金黄色是由红色加黄色混合而成的。那么就应该让天空偏红和偏黄。偏红就是增加红色，偏黄就是减少蓝色。天空部分在曲线中是靠近高光区域的，因此需要增加红色高光和减少蓝色高光。

其操作步骤如下。

（1）按"Ctrl+M"组合键，弹出"曲线"对话框，在"通道"下拉列表中选择"红"通道，将右边的控制点水平向左调整，这样可以为图像添加红色，如图 5-27 所示。

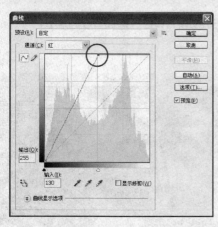

图 5-27 调节"红"通道

（2）选择"蓝"通道，垂直向下拖动右端的控制点，，这样可以为图像暗的地方减少蓝色，如图 5-28 所示。

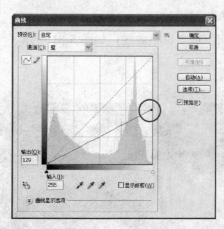

图 5-28 调节"蓝"通道

（3）在"通道"的下拉列表中选择"RGB"通道，将左端的控制点向右移动，降低图像中暗面的亮度，增加整个画面的对比度，如图 5-29 所示。

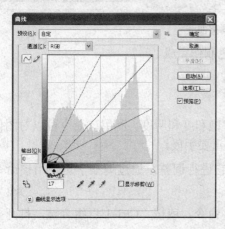

图 5-29 调节左端的控制点

（4）将右端的控制点向左移动，加亮图像中亮面的亮度，如图 5-30 所示。

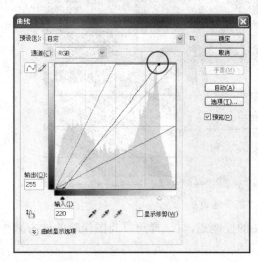

图 5-30　调节右端的控制点

（5）这时的整个图像画面显得有点偏亮，向下适当调整曲线，如图 5-31 所示。

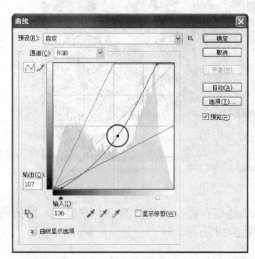

图 5-31　向下调整曲线

（6）设置完后单击"确定"按钮，黄昏景色制作完成。

5.2.4　色相/饱和度的调整

"色相/饱和度"命令用来调整图像的色相、饱和度和明度。利用该命令可以对图像原有的色彩进行自由变换，是制作画面色彩平衡的重要手段。

打开一幅图像，如图 5-32 所示，下面来对它进行调整，通过调整学习使用该命令的方法。

执行"图像"→"调整"→"色相/饱和度"命令，或按"Ctrl+U"组合键，打开"色相/饱和度"对话框，如图 5-33 所示。

图 5-32 打开一幅图像

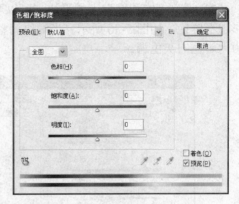

图 5-33 "色相/饱和度"对话框

可以看到，在该对话框中有"色相"、"饱和度"和"明度"3 项参数，关于这 3 项参数的含义，我们已经在前面具体介绍了。

其调整方法如下。

（1）用鼠标拖动"色相"上的滑块，可以调整图像上"色相"的值，也可以直接在右侧的文本框中输入数值，随着参数的改变，在画面上可以看到颜色发生了的变化。如图 5-34 和图 5-35 所示，可以看到分别向左和向右拖动滑块，得到两种色彩效果的画面。

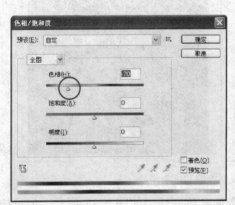

图 5-34 向左拖动"色相"滑块

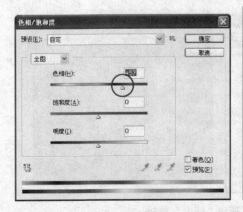

图 5-35 向右拖动"色相"滑块

（2）调整"饱和度"上的滑块，可以看到色彩的鲜艳程度发生了变化，越往左调整，色彩越不鲜艳，如图 5-36 所示。当滑块调整到最左端时，图像的"饱和度"最低，画面呈现为无彩色的灰色调。

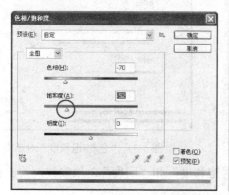

图 5-36　向左调整"饱和度"滑块

（3）向右调整"饱和度"上的滑块，色彩会变得越来越鲜艳，如图 5-37 所示。调整到最右端时，色彩将变得非常艳丽。

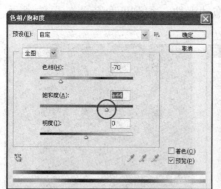

图 5-37　向右调整"饱和度"滑块

（4）向右调整"明度"上的滑块，图像的颜色变浅，如图 5-38 所示。如果把滑块调整到最右端，图像将呈现出全部的白色。

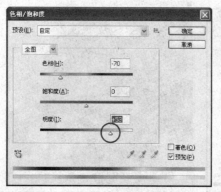

图 5-38　向右拖动"明度"滑块

（5）向左调整"明度"上的滑块，图像会变暗，如图 5-39 所示。如果调整滑块到最左端，画面将呈现出全部的黑色。

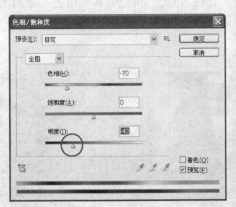

图 5-39　向左拖动"明度"滑块

5.2.5　色彩平衡的调整

"色彩平衡"命令用来增加或减少处于高光、中间调及阴影区域中的特定颜色，可以改变图像颜色的构成。

下面打开一幅图像，然后进行调整，如图 5-40 所示。

执行"图像"→"调整"→"色彩平衡"命令，或按"Ctrl+B"组合键，弹出"色彩平衡"对话框，如图 5-41 所示。

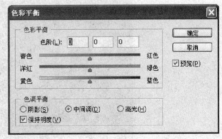

图 5-40　打开的图像　　　　图 5-41　"色彩平衡"对话框

该对话框中各参数说明如下：

- "色调平衡"：在该区域中可选择想要重新进行更改的色调范围，其中包括"阴影"、"中间调"、"高光"；色调范围的下方有一个"保持明度"复选框，勾选该复选框后可保持图像中的色调平衡。通常，调整 RGB 色彩模式的图像时，为了保持图像的光度值，都要勾选此复选框。

● "色彩平衡"：通过在"色阶"文本框中输入数值或移动滑块来调整。利用滑块移
向需要增加的颜色，或离开想要减少的颜色，就可以改变图像中的颜色组成。把
"青色"和"红色"上的滑块调向"青色"，把"黄色"和"蓝色"上的滑块调向
"蓝色"，这样可以调整整幅画面的色彩暖色，以达到平衡的效果，如图 5-42 和
图 5-43 所示。

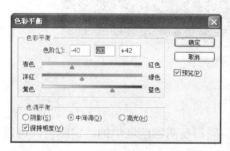

图 5-42　设置"色彩平衡"　　　　　　　　图 5-43　调整"色彩平衡"后的效果

如果在高光区和阴影区进行色彩调节，也可以做出比较奇特的效果，如图 5-44 所示。

图 5-44　调整高光区和阴影区

5.2.6　匹配颜色

"匹配颜色"命令用来将图像中不满意的颜色匹配成满意的颜色。打开两幅图像，如
图 5-45 和图 5-46 所示。

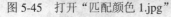

图 5-45 打开"匹配颜色 1.jpg"

图 5-46 打开"匹配颜色 2.jpg"

其操作步骤如下。

（1）切换"匹配颜色 1"为当前编辑文件，执行"图像"→"调整"→"匹配颜色"命令，弹出"匹配颜色"对话框，如图 5-47 所示。

（2）在"图像统计"栏中，打开"源"下拉列表，可以看到其中有两个文件，选择画面为"匹配颜色 2.jpg"。这时画面上原有的颜色被匹配成了"绿色"，如图 5-48 所示。

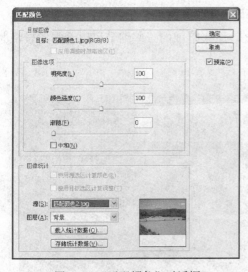

图 5-47 "匹配颜色"对话框

图 5-48 匹配颜色后的效果

（3）还可以在对话框的"图像选项"栏中设置"明亮度"、"颜色强度"和"渐隐"。

（4）设置完后，单击"确定"按钮。

使用"匹配颜色"功能还可以选中图像的局部，把局部的色彩和其他文件局部的色彩进行匹配。

5.2.7 阴影/高光的调整

"阴影/高光"命令可以将暗调调节得亮一些，而且还可以调节色彩的对比度。

打开一幅图片，如图 5-49 所示，这是一幅典型的缺少光线的图像，画面比较暗。

图 5-49 打开一幅图片

下面使用"阴影/高光"命令进行调整，其操作步骤如下。

（1）执行"图像"→"调整"→"阴影/高光"命令，弹出"阴影/高光"对话框，如图 5-50 所示。

（2）将"阴影"的"数量"适当提高，单击"确定"按钮。

经过调整可以看到，图像很明显地亮了起来，原来暗部的一些细节可以看得比较清楚了，如图 5-51 所示。

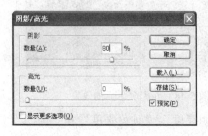

图 5-50 "阴影/高光"对话框

图 5-51 调整"阴影/高光"后的效果

5.2.8 曝光度的调整

使用"曝光度"命令可以快速地调整曝光度有缺陷的图像，打开一幅需要调整的图片后，执行"图像"→"调整"→"曝光度"命令，弹出"曝光度"对话框，具体设置如图 5-52 所示。调整后的效果如图 5-53 所示。

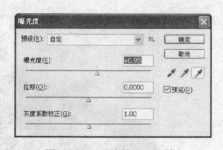

图 5-52　"曝光度"对话框　　　　　　图 5-53　调整后的效果

"曝光度"对话框中部分参数的含义如下。

● "曝光度"：调整色调范围的高光端，对极限阴影的影响很轻微。

● "位移"：使阴影和中间调变暗，对高光的影响很轻微。

● "灰度系数校正"：使用简单的乘方函数调整图像灰度系数。负值会被视为其相应的正值。也就是说，这些值仍然保持为负，但仍然会被调整，就像它们是正值一样。

● 吸管工具：调整图像的亮度值（与影响所有颜色通道的"色阶"吸管工具不同）。"设置黑场"吸管工具 将设置"位移"，同时将单击的像素改变为零；"设置白场"吸管工具 将设置"曝光度"，同时将单击的点改变为白色（对于 HDR图像为 1.0）；"设置灰场"吸管工具 将设置"曝光度"，同时将单击的值变为中度灰色。

5.2.9　黑白的调整

"黑白"命令可以将彩色图像转换为灰度图像，同时保持对各颜色的转换方式的完全控制；也可以通过对图像应用色调来为灰度着色；也可以将彩色图像转换为单色图像，并允许调整颜色通道输入。

打开一幅图像，如图 5-54 所示，下面进行黑白处理。

图 5-54　打开一幅图像

具体操作方法如下。

（1）执行"图像"→"调整"→"黑白"命令，弹出"黑白"对话框，如图 5-55 所示。Photoshop 将基于图像中的颜色混合执行默认灰度转换，如图 5-56 所示。

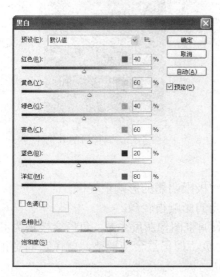

图 5-55　弹出"黑白"对话框　　　　　　　　图 5-56　默认灰度转换效果

（2）可以在对话框中调整图像中特定颜色的灰色调。将滑块向左拖动或向右拖动分别可使图像的原色的灰色调变暗或变亮。

（3）图像中的蓝色比较多，向左拖动"蓝色"滑块，可使原蓝色部分的灰色变暗，如图 5-57 所示。

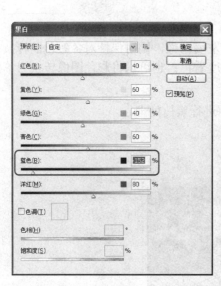

图 5-57　使原蓝色部分的灰色变暗

（4）向右拖动"蓝色"滑块，可使原图像中的绿色部分的灰色变亮，如图 5-58 所示。

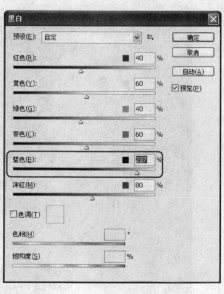

图 5-58 使原图像中的绿色部分的灰变亮

（5）如果要对图像中的灰度进行色调的调整，则应勾选"色调"复选框，然后根据需要调整"色相"和"饱和度"，如图 5-59 所示。

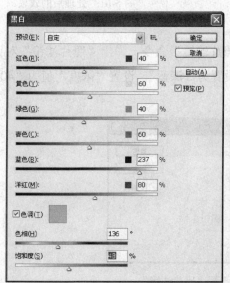

图 5-59 调整色调

5.2.10 照片滤镜

使用"照片滤镜"命令可以快速地改善存在色彩缺陷的照片。

打开一幅照片，如图 5-60 所示。照片中的人物皮肤有点发黄，下面用"照片滤镜"命令进行调整，处理后的效果如图 5-61 所示。

图 5-60　人物照片　　　　　　　　　　　图 5-61　处理后的效果

其具体步骤如下。

（1）执行"图像"→"调整"→"照片滤镜"命令，弹出"照片滤镜"对话框。

（2）选择"滤镜"单选按钮并为其设置为"深蓝"，设置"浓度"值为"40%"，勾选"保留明度"复选框，如图 5-62 所示。

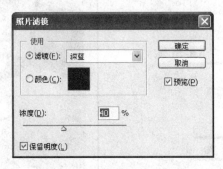

图 5-62　设置"照片滤镜"

（3）单击"确定"按钮，人物肌肤的颜色看上去更加白晰了一些。

5.2.11　通道混合器的使用

"通道混合器"通过将图像的通道颜色混合后来生成新的混合通道，以此来校正照片偏色。

打开一幅照片，如图 5-63 所示。下面应用"通道混合器"制作效果，完成后的效果如图 5-64 所示。

图 5-63　原始图片　　　　　　　　　　图 5-64　调整后的效果

执行"图像"→"调整"→"通道混合器"命令，弹出"通道混合器"对话框，如图 5-65 所示。

图 5-65　"通道混合器"对话框

在该对话框中，有红、绿、蓝三大输出通道，每个输出通道中又对应 3 个源通道，调整时先选择输出通道，就是我们需要混合调整的通道，然后利用源通道的百分比搭配进行调整，其中常数通道是对对应输出通道的百分比调整。勾选左下角的"单色"复选框，对照片的黑白层次进行调整。通道里面记录的是颜色信息的分布区域，色彩的变化就是要改变这些颜色的分布区域，这时候就需要对这个颜色通道的分布区域进行重新归属，通道混合器就是通过对颜色信息通道进行混合调节来达到想要的色彩分布。

其操作步骤如下。

（1）选择"输出通道"为"红"通道，调节这张图片，如图 5-66 所示。

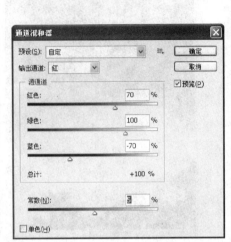

图 5-66 调整"红"通道

可以看到，一张主色调为绿色的图片调整成了黄色，且照片原有层次保留完好。

（2）选择"输出通道"为"绿"通道，调整色彩，将图片中的绿色颜色信息转换成了洋红色，如图 5-67 所示。

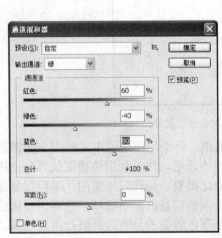

图 5-67 调整"绿"通道

（3）选择"输出通道"为"蓝"通道，调整色彩，将图片中的主色调绿色调节成了青色，如图 5-68 所示

图 5-68　调整"蓝"通道

5.2.12　替换颜色

使用"替换颜色"命令非常方便地替换图像的指定颜色效果，下面运用一个案例进行介绍。

如图 5-69 所示，把左图中的鼠标颜色替换成右图所示的效果。

图 5-69　替换颜色前后的效果

其操作步骤如下。

（1）首先选择工具箱中的"快速选择工具" ，对需要替换颜色的图形创建选区，如图 5-70 所示。

（2）按"Ctrl+J"组合键，将当前层中选区内的图像复制为一个新的图层，如图 5-71 所示。

图 5-70　对需要替换颜色的图形创建一个选区　　　图 5-71　将选区中的图像复制为一个图层

　　（3）执行"图像"→"调整"→"替换颜色"命令，弹出"替换颜色"对话框，用鼠标在鼠标图形上单击，如图 5-72 所示。可以看到在对话框中，与鼠标单击处色值相近的部位显示为"白色"，如图 5-73 所示。

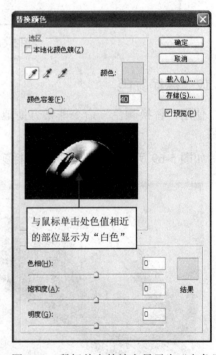

图 5-72　单击需要选中的图形　　　　　　　图 5-73　鼠标单击的地方显示为"白色"

　　（4）在对话框中按下"添加到取样"按钮 ，可在已有的颜色选区中增加选区；按下"从取样中减去"按钮 ，可在已有的颜色选区中减去选区。在加选和减选过程中，可以适当设置"颜色容差"的值，经过加选和减选后将鼠标图形全部选中，如图 5-74 所示。

　　在对话框中，"白色"的地方表示颜色将被替换的区域；"黑色"的地方表示颜色不动的区域；而灰色的地方表示颜色被部分替换的区域。

　　（5）在"替换"栏中，单击"结果"上方的"颜色块"按钮，在弹出的对话框中选择一种颜色，如图 5-75 所示。

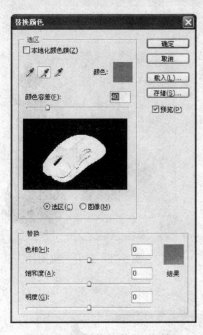

图 5-74　"替换颜色"对话框

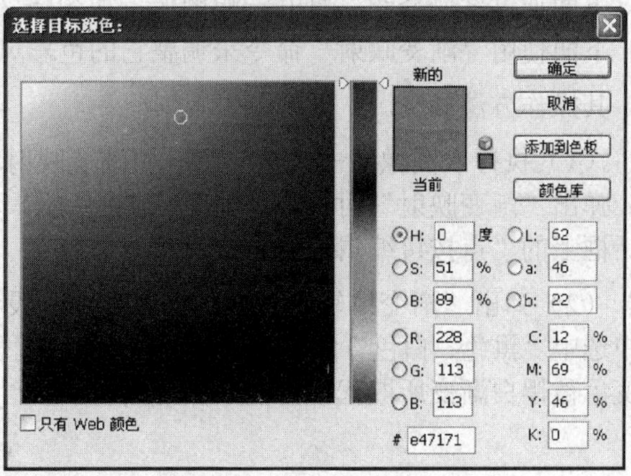

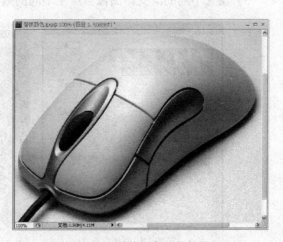

图 5-75　选择颜色

设置完后单击"确定"按钮。

（6）在"替换颜色"对话框中适当调整"色相"、"饱和度"和"明度"的值，如图 5-76 所示。可以勾选该对话框中的"预览"复选框，然后边拖动参数中的滑块，边观察图像的变化。

设置完后单击"确定"按钮，效果如图 5-77 所示。

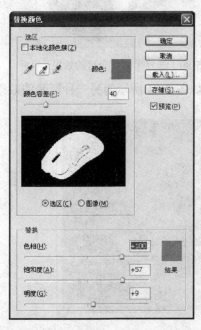

图 5-76　设置"替换颜色"的参数

图 5-77　替换颜色后的效果

5.2.13 渐变映射

"渐变映射"命令是根据图像灰度的明暗来添加色彩渐变的，也就是说即使画面是彩色的，对于"渐变映射"这个功能来说，它都会以灰度图像来处理。

下面通过案例介绍。打开一幅图像，如图 5-78 所示。下面使用"渐变映射"命令来调整它的色彩风格。

其操作方法如下。

（1）执行"图像"→"调整"→"渐变映射"命令，弹出"渐变映射"对话框，如图 5-79 所示。单击对话框上的"点按可编辑渐变"按钮。

（2）弹出"渐变编辑器"对话框，在"预设"区域中选中"黑色、白色"渐变，可以看到图像上原来的渐变色被黑白渐变所取代，如图 5-80 所示。

图 5-78　打开一幅图片

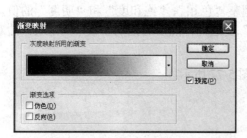

图 5-79　"渐变映射"对话框

图 5-80　选择黑白渐变后的效果

（3）设置不同的渐变，图像会产生不同的效果。如图 5-81 所示为另一种渐变的效果。

图 5-81　设置另一种渐变色后的效果

5.2.14　可选颜色

使用"可选颜色"命令可以通过调整所选颜色的分颜色对图像的色彩进行调整。

下面使用一个案例进行具体说明。打开一幅比较鲜艳的图片，如图 5-82 所示。

图 5-82　打开一幅图片

具体操作方法如下。

（1）执行"图像"→"调整"→"可选颜色"命令，弹出"可选颜色"对话框，如图 5-83 所示。

图 5-83　"可选颜色"对话框

（2）在"颜色"下拉列表中选择"红色"选项，在其下面有 4 组分颜色，分别为"青色"、"洋红"、"黄色"和"黑色"。先来调整青色，在 RGB 三原色及其对应色的关系中可以看出，青色是红色的对应色，如果我们把滑块向右拖动增加青色，发现红色越来越黑，那正是两个对应色混合，相互吸收的原理，如图 5-84 所示。拖动滑块向左减少青色，纯红色的部分不会有变化，这是因为红色本色不具有青色。

图 5-84　调整"青色"

（3）下面调整 "洋红"。红色是由洋红和黄色混合产生，向右拖动滑块增加洋红，纯红色部分不会改变；向左减少洋红，会使红色部分越来越偏黄，如图 5-85 所示。

图 5-85　调整"洋红"

（4）接着来调整 "黄色"。红色是由洋红和黄色混合产生，因此向右拖动滑块增加黄色，纯红色部分不会改变；向左减少黄色，会使红色部分越来越偏洋红，如图 5-86 所示。

图 5-86　调整"黄色"

（5）最后调整 "黑色"。向左调整滑块，红色的明度变亮；向右调整滑块，红色的明度变暗，如图 5-87 所示。

图 5-87　调整"黑色"

其他颜色的调整方法与调整红色的原理一样。

5.2.15　去色和反相

1．去色

使用"去色"命令可以使图像中的所有彩色变为黑白或灰色显示，该命令没有参数，只需要打开图像后执行"图像"→"调整"→"去色"命令即可。

2．反相

使用"反相"命令可以使图像上的颜色转换为相反的颜色，执行该命令后，通道中每个像素的亮度值会被直接转换为颜色刻度上的相反值，如"白色"变为"黑色"，其他的中间像素值取其对应值（255－原像素值＝新像素值）。

执行"图像"→"调整"→"反相"命令，即可将图片中的色彩反相，此命令没有参数，效果如图 5-88 所示。

原图

反相后的效果

图 5-88　反相的应用

5.2.16　色调均化

"色调均化"命令用来重新分配图像中各像素的亮度值，其中最暗值为黑色，最亮值为白色，中间像素则均匀分布。

下面以案例进行说明。打开一幅图像，在图像中创建一个区域，如图 5-89 所示。

执行"图像"→"调整"→"色调均化"命令，弹出"色调均化"对话框。

图 5-89 创建选区

（1）在该对话框中选择"仅色调均化所选区域"单选按钮，那么命令只作用于所选区域，如图 5-90 所示。

图 5-90 选择"仅色调均化所选区域"的色调均化效果

（2）如果选择"基于所选区域色调均化整个图像"单选按钮，那么命令将按照选区中的像素情况均匀分布图像中的所有像素，如图 5-91 所示。

图 5-91 选择"基于所选区域色调均化整个图像"的色调均化效果

5.2.17　阈值

利用"阈值"命令能把彩色或灰阶图像转换为高对比度的黑白图像。我们可以先指定一定的色阶作为阈值，然后执行该命令，比指定阈值亮的像素将会转换为白色，比指定阈值暗的像素会转换为黑色。

下面来打开一幅图像进行说明，如图 5-92 所示。

图 5-92　打开图像

执行"图像"→"调整"→"阈值"命令，弹出"阈值"对话框。在该对话框中，图像显示了当前选区中像素亮度级，拖动图像下方的滑块，确定"阈值色阶"的值，也可以直接在其文本框中输入数值，如图 5-93 所示。

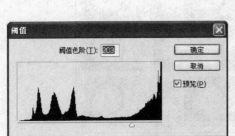

图 5-93　设置"阈值"

5.2.18　变化

使用"变化"命令可以调整图像的色相和亮度，在调整时可以通过比较多组设置的差异来选择最满意的效果。

下面举例进行说明，打开一幅图像，如图 5-94 所示。

执行"图像"→"调整"→"变化"命令，弹出"变化"对话框，如图 5-95 所示。

图 5-94　打开一幅图像

图 5-95　"变化"对话框

在该对话框右上角的选项分别为"阴影"、"中间色调"、"高光"和"饱和度"，对它们分别进行调整，然后移动"精细"和"粗糙"之间的滑块，以确定每次调整的数量。

在该对话框顶部的两个缩略图分别为原图像效果和当前挑选的图像效果。

通过选择该对话框中的缩略图可以改变图像的颜色。要增加某种颜色，只需要选择该颜色的缩略图；要减少某种颜色，只需要选择与该颜色互补的那种颜色的缩略图；要调整图像的亮度或暗度，选择该对话框右边较亮或较暗的两幅缩略图。

如果我们选择 4 次"加深黄色"缩略图、3 次"加深红色"缩略图，此时可以看到在图像上出现了金黄色的色彩，如图 5-96 所示。

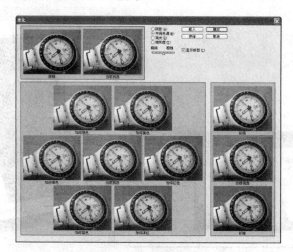

图 5-96　出现了金黄色

如果对选择的颜色不是很满意，则可以选择原稿缩略图返回到原始状态。

到这里，关于 Photoshop 中色彩的调整功能就介绍完了，学习的关键在于如何把色彩的基本知识与色彩调整命令的设置结合在一起，希望大家多多体会。

5.3　操作题

1．如图 5-97 所示的是一幅偏色照片，使用色彩调整命令矫正效果。调整完成后的效果如图 5-98 所示。

图 5-97　原始照片　　　　　　　　　　　　　　图 5-98　调整后的效果

2．将如图 5-99 所示的照片处理成如图 5-100 所示的黄昏景色效果。

图 5-99　原始照片　　　　　　　　　　　　　　图 5-100　黄昏景色

第6章 图层的应用基础

内容简介

关于图层，在前面的章节中已经简单应用了。图层是制作图像过程中非常重要的内容，合理地管理和应用好图层，将使图像创作过程变得更加井然有序，理解好图层的各种功能知识，可以为高效地创作出各种特效作品打下坚实的基础。

图层的知识讲解，主要分三大块，即图层的基本操作、图层混合模式的应用、图层样式的应用。在本章中，将介绍图层的原理和基本操作方法及应用。

本章导读

本章介绍的主要内容有：

- 图层的原理。
- 熟悉"图层"面板。
- 图层的各种基本操作方法。

6.1 认识图层

当完成一个平面作品的时候，该作品都将会包含若干个图层，如存放各种图像的图层、存放文本的图层等，各种图层叠加在一起就构成了整幅作品的效果。

6.1.1 "图层"面板

"图层"面板是对图层进行各种操作的舞台。首先，我们来认识一下"图层"面板。

从菜单栏上选择"窗口"→"图层"命令，或者按"F7"键，可以打开或关闭"图层"面板。如图 6-1 所示的是一幅作品的图层情况，其上标注了面板上各元素的功能说明。

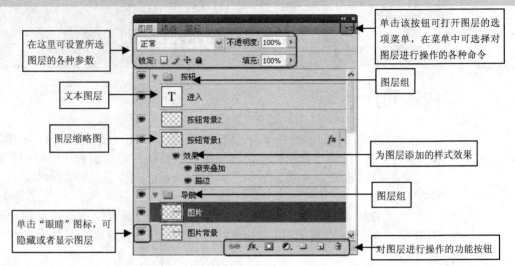

图 6-1 "图层"面板的功能说明

 专家点拨：

关于"图层"上的各种参数功能和按钮功能，这里先做了解，在后面的篇幅中将会详细介绍。

6.1.2 图层的叠放原理

用 Photoshop 进行图像制作和处理，实际上就是一个分层图像叠加的过程。图像中的每一部分都可以安排在一个独立的图层中，通过给每一个图层实施各种命令，制作各种效果，最后获得一幅自己需要的图像。

如图 6-2 所示的是一幅制作完成后的平面效果图。

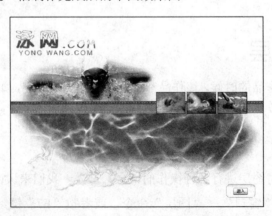

图 6-2 一幅平面效果图

打开它的"图层"面板，如图 6-3 所示。可见该幅效果图由"背景"、"LOGO"、"导航"和"按钮"4 个图层组组成，每个图层组又由若干个图层组成。每个图层组和图层就如一张透明的玻璃纸，在其中分别存放内容后叠放在一起就构成了最后的作品效果。如图 6-4所示的是每个图层组叠放的示意图。

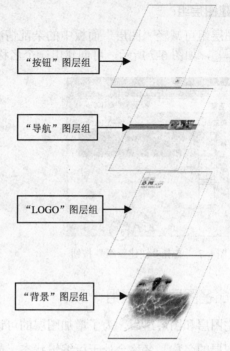

"按钮"图层组

"导航"图层组

"LOGO"图层组

"背景"图层组

图 6-3　"图层"组成　　　　　　　　　　图 6-4　图层组叠放示意图

6.2　图层的基本操作

对图层的基本操作有许多，如新建图层和图层组、对图层组和图层进行重命名、链接图层、合并图层、改变图层的叠加次序、设置图层的不透明度等。下面来具体介绍。

6.2.1　新建图层和图层组

1. 新建图层

打开"图层"面板，单击"创建新图层"按钮 ，如图 6-5 所示。每单击一次可新增一个图层，如图 6-6 所示为单击两次后新增的两个图层。

图 6-5　单击"创建新图层"按钮　　　　　图 6-6　新增的两个图层

2. 新建图层组

使用图层组可减轻"图层"面板中的杂乱情况，使图层管理更加有序。单击"创建新组"按钮  ，如图 6-7 所示，可创建出一个名称为"组 1"的空白新组，如图 6-8 所示。

图 6-7 单击"创建新组"按钮

图 6-8 创建出的新组

6.2.2 重命名图层和图层组

创建完图层和图层组后，为了增加图层的可读性，可以对它们进行重新命名。

双击图层的名称，名称会处于可编辑状态，如图 6-9 所示。用键盘输入新的名称，按回车键确定，如图 6-10 所示。

图 6-9 图层名称处于可编辑状态

图 6-10 重命名图层名称

图层组的重命名方法和图层的重命名方法相同。

6.2.3 加入和退出图层组

1. 将图层放入图层组中

图层组已经建立起来了，下面我们把已经制作好的图层放入图层组中。

用鼠标按住图层不放，拖动到图层组上，此时图层组上出现一个黑色的方框，鼠标变成手的形状，释放鼠标，这样，所选图层就被放入到了图层组中，如图 6-11 所示。被放入到图层组中的图层会以缩进的方式显示。

图 6-11　将图层放入图层组中

专家点拨：

按住 "Shift" 键的同时单击图层名称，可同时选中多个图层，将选中的图层拖动到组上，可同时把多个图层一次置入组中。

2. 将图层退出图层组

用鼠标按住想退出图层组的图层，拖动鼠标，当出现一条横线的时候释放鼠标，如图 6-12 所示，即可将所选图层退出图层组。

专家点拨：

横线出现的地方为图层调整后的位置。

图 6-12　将图层退出图层组

将若干个图层归入一个图层组中后，除了可以显示更有条理性外，还可以统一对图层组中的所有内容做同样的操作。

如选中一个图层组，然后对它进行移动操作，可以看到图层组中的所有内容将被全部移动，如图 6-13 所示。

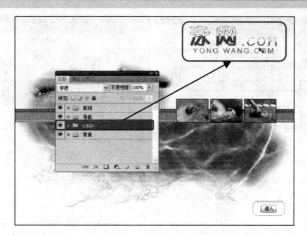

图 6-13　对图层组中的内容做统一移动操作

6.2.4　删除、复制图层和图层组

1.删除图层

对于没有用的图层，可以将其删除。

删除图层的常用方法如下。

- 方法一：选中需要删除的图层或图层组，单击"删除图层"按钮 🗑️ 。
- 方法二：将需要删除的图层或图层组拖动到"删除图层"按钮 🗑️ 上。

2.复制图层

复制图层的常用方法如下。

- 方法一：用鼠标右键单击图层，在弹出的快捷菜单中执行"复制图层"命令，弹出"复制图层"对话框。在该对话框中输入图层的名称，单击"确定"按钮，如图 6-14 所示。

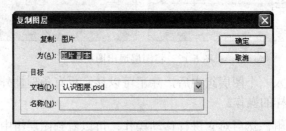

图 6-14　"复制图层"对话框

- 方法二：在"图层"面板中，拖动图层到"创建新图层"按钮 📄 上。
- 方法三：按"Ctrl+J"组合键可以快速复制出当前选中的图层。

如图 6-15 所示为复制"图片"图层而得到的"图片副本"图层，其中的内容与"图层"中的内容是一样的。

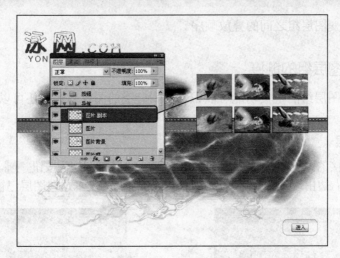

图 6-15　复制图层

同理复制图层是一样的。

6.2.5　图层和图层组的叠放次序

图层中的内容是一层层往上叠放的，靠上方的图层会遮盖住其下方图层中的内容。在编辑图像时，我们可以调整图层之间的叠放次序来实现设想的效果。

调整的方法：在"图层"面板中选择要调整次序的图层并拖放至需要放置的位置，当出现一条横线时释放鼠标，即可完成图层叠放次序的调整。

如我们把上例中的"图片"图层调整到"图片背景"图层的下方，其操作方法如下。

选中"图片"图层，然后将其拖动到"图片背景"的下方，此时出现一条横线，该横线表示图层被调整后的位置，如图 6-16 所示。

图层位置调整后，在图像画面上可以看到，"图片"图层中的内容被"图片背景"图层中的内容遮盖住了，如图 6-17 所示。可见靠上方图层中内容中的内容会遮盖住其下方图层中的内容。

图 6-16　调整图层的位置

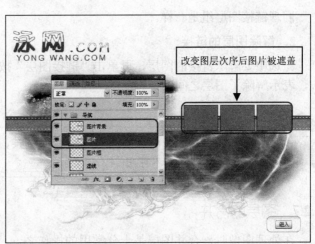

图 6-17　调整图层的位置

159

同理可以改变图层组之间的叠放顺序。

6.2.6 图层和图层组的链接

利用图层和图层组的链接功能可以识别同一分类的图像内容，还可以方便移动多层中的图像等操作。

1. 链接图层

选中需要链接的图层，单击"图层"面板底部的"链接图层"按钮，如图 6-18 所示。此时被选图层的右边出现链接标志，如图 6-19 所示，表示这些图层已被链接到一起。

图 6-18　选中图层　　　　　　　图 6-19　链接的图层

专家点拨：

按住"Shift"键的同时单击图层，可选中连续的多个图层；按住"Ctrl"键的同时单击图层，可选中非连续的多个图层。

图层被链接后，任意选中一个被链接的图层，然后对图层中的内容执行移动操作，所有与该图层相链接的图层中的内容都将被一起移动。

同理链接图层组是一样。

2. 解除图层的链接

先选中要解除链接的图层，再单击"链接图层"按钮，图层右边的链接标记消失，表示解除了图层之间的链接。

专家点拨：

必须有 2 个或 2 个以上的图层才能相互链接，1 个图层时"图层"面板底部的"链接图层"按钮不可用。

6.2.7 图层的合并

在处理图像时，合并图层是十分常用的操作之一。

合并图层的操作方法如下。

（1）用鼠标右键单击图层，在弹出的快捷菜单中选择"向下合并"命令（快捷键为"Ctrl+E"），可将当前图层与其下一图层合并，如图 6-20 所示。

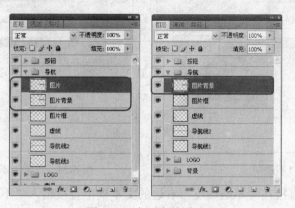

图 6-20　向下合并图层

（2）选中多个图层并单击鼠标右键，在弹出的快捷菜单中选择"合并图层"命令，可将选中的图层合并，如图 6-21 所示。

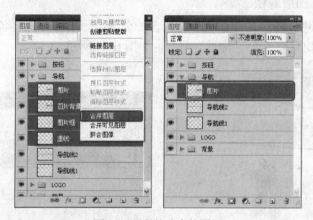

图 6-21　合并选中的图层

（3）用鼠标右键单击图层，在弹出的快捷菜单中选择"合并可见图层"命令，可将可见图层合并。

（4）在用鼠标右键单击图层，在弹出的快捷菜单中选择"拼合图层"命令，可以将图像中的所有图层合并。

6.2.8　设置图层的不透明度

图层的"不透明度"用来设置该图层中内容的透明性状况，数值范围为 0%~100%，数值越小表示越透明，即内容显示越淡；数值越大表示越不透明，即内容显示越深。0%表示图层中的图像将完全透明，100%表示图像完全不透明。

● 方法一：选中图层，单击"不透明度"右边的小三角形按钮，在弹出的控制滑杆上拖动小三角形滑块，如图 6-22 所示为将"不透明度"设置为 14%的情况；如图 6-23 所示为将"不透明度"设置为 79%的情况，通过两个不同的数值观察图像的变化情况。

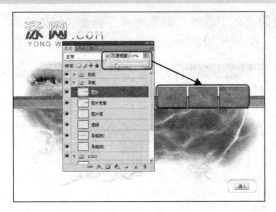 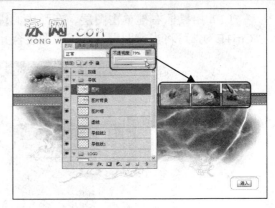

图 6-22　设置"不透明度"（一）　　　　图 6-23　设置"不透明度"（二）

● 方法二：直接在"不透明度"右边的文本框中直接输入"不透明度"数值。

6.2.9　图层的解锁和锁定

1. 对"背景"图层解锁

在 Photoshop 中，打开的图像至少会包含一个图层，当打开扩展名为.bmp、.jpg、.gif 图像时，会自动认定只有一个"背景"图层，如图 6-24 所示。

图 6-24　打开一幅素材图片

仔细观察"图层"面板中的"背景"图层，可以发现靠右侧处有一把小锁形状 ，表示该图层处于被锁定状态，此时不能对图层中的图像设置不透明度、移动图像等操作。

解除锁定的方法如下。

（1）在"图层"面板中双击"背景"图层，弹出"新建图层"对话框，如图 6-25 所示。

图 6-25　"新建图层"对话框

（2）在"名称"文本框中可输入解锁图层后的名称，如输入"背景"；在"颜色"的下拉列表中可选择图层的显示颜色，默认为"无"，表示不设置任何颜色；在"模式"的下拉列表中可选择图层的混合模式；在"不透明度"文本框中可设置图层中图像的不透明度值。

（3）设置完后单击"确定"按钮。

此时在图层名称右边的"小锁"已经消失，表示解锁完成。这样就可以开始来对图层进行各种操作了，如图 6-26 所示。

图 6-26　对图层进行操作

2．锁定图层

我们也可以对图层进行各种方式的锁定，从而避免制作好的图象遭到破坏，其操作方法如下。

（1）选中需要锁定的图层。

（2）打开"图层"面板，按下"锁定"中的相应按钮，即可将其以特定的方式锁定，再次按下可以解锁，如图 6-27 所示。

　专家点拨：

按钮被按下时表示锁定，按钮没有被按下时表示没有锁定。

锁定图层的 4 种方式

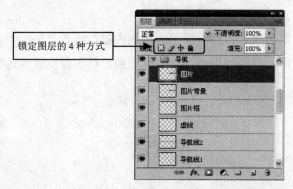

图 6-27　图层的锁定功能

4 种锁定方式的功能如下。

- "锁定透明像素" ▦：按下该按钮后，表示图层中透明的部分将不可被操作，而不透明的部分可以操作。
- "锁定图像像素" ✏：按下该按钮后，表示图层中的图像像素不可被操作。
- "锁定位置" ✛：按下该按钮后，表示图层中的图像位置不可被改动。
- "锁定全部" 🔒：按下该按钮后，表示图层中的图像不可进行任何改动。

6.2.10 将图层作为选区载入

在制作图像过程中，常常需要创建图层中图像的选区，常用的操作方法如下两种。

- 方法一：选中图层，从菜单栏上执行"选择"→"载入选区"命令。
- 方法二：按住"Ctrl"键，单击"图层"面板中的图层缩略图。

如果要为图 6-28 中的文字"泳网"设置描边效果，则可以选择文字所在的图层，然后按住"Ctrl"键的同时单击文字所在层的缩略图，即可将文字载入选区，最后执行"编辑"→"描边"命令即可对选区进行描边操作。

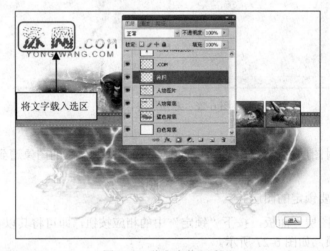

图 6-28　将文字载入选区

6.3　操作题

1. 练习新建图层、对图层重新命名、删除图层、复制图层、将多个图层锁定的操作。
2. 练习把图像拖入当前文件、对图层中的图像进行变换、将图像设置为透明的操作。

第 7 章　图层的混合和样式

内容简介

熟悉了图层的基本操作后，本章来介绍关于图层更进一步的知识，即图层混合模式和图层样式。

本章导读

- 图层混合模式的概念。
- 图层混合模式的类型。
- 熟悉每种图层混合模式的含义。
- 图层样式的分类。
- 图层样式的各种应用。

<table>
<tr><td>7.1</td><td></td></tr>
</table>

7.1　认识图层的混合模式

一幅平面设计的作品往往是由多个图层经过叠加而合成的。在默认情况下，图层由下往上一层层地叠放。除此之外，Photoshop 还为上下叠放的图层提供了多种不同的色彩混合方法，这种混合方法被称为"混合模式"。图层的混合模式可在"图层"面板中进行设置，如图 7-1 所示。

专家点拨：

混合模式是层与层之间进行图像的光混合、物料混合及电脑特效的混合方式。

图 7-1　设置图层混合模式的位置

专家点拨：

混合模式只针对所选的图层下方的图层发生作用，而对于它上层却不会有任何作用。

7.2 混合模式的应用

了解了图层混合模式的概念后，下面来具体介绍每一种混合模式的原理和所能生成的效果。

7.2.1 混合模式的分类

打开"图层"面板，在默认情况下，图层的混合模式为"正常"模式，打开其下拉列表，如图 7-2 所示。

可以看到，列表中的混合模式被划分成了 6 类。

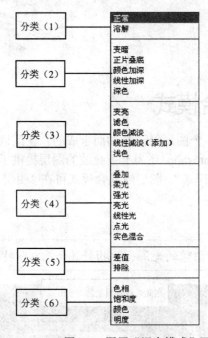

图 7-2 图层"混合模式"下拉列表

● 分类（1）：在其中有"正常"和"溶解"两种混合模式。

"正常"为默认的混合模式，表示没有设置任何混合模式效果；"溶解"混合模式可以根据像素的不透明度，让结果色由基色或混合色的像素随机替换，当"不透明度"为"100%"时，发现合成后的效果变化不大，如图 7-3 所示。当调整"不透明度"值为"68%"时，出现了溶解混合效果，如图 7-4 所示。

图 7-3　"溶解"混合模式的效果（一）

图 7-4　"溶解"混合模式的效果（二）

- 分类（2）：在其中有"变暗"、"正片叠底"、"颜色加深"、"线性加深"、"深色" 5 种混合模式。

这一组混合模式，简单理解起来，就是物料混合的模式，我们前面说过物料混合是减法混合，也就是越混合越呈现黑灰色，会造成整体画面偏暗，其中以"正片叠底"为代表，该混合模式特性最为突出。"变暗"、"颜色加深"、"线性加深"和"深色"这几种只是偏暗的侧重点不同而已。在制作图像的过程中如果需要制作深暗的画面可以使用这一组的变化模式。

各效果如图 7-5 至图 7-9 所示。

图 7-5 "变暗"混合模式

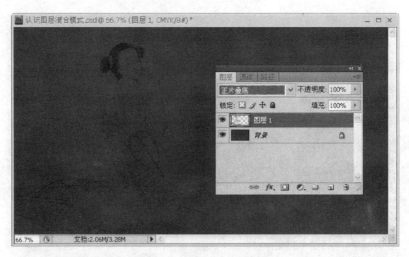

图 7-6 "正片叠底"混合模式

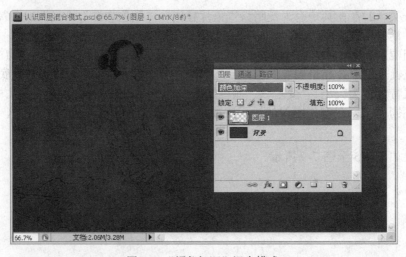

图 7-7 "颜色加深"混合模式

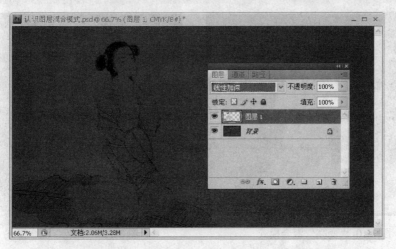

图 7-8　"线性加深"混合模式

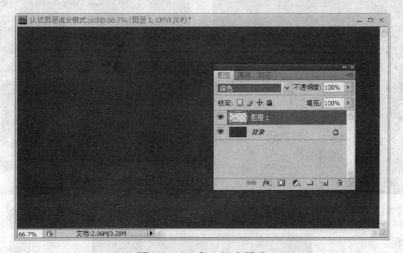

图 7-9　"深色"混合模式

专家点拨：

在这一组模式下，如果把黑色和其他颜色混合，那么其他颜色将看不到，画面呈现的是黑色。

- 分类（3）：在其中有"变亮"、"滤色"、"颜色减淡（添加）"、"线性减淡"、"浅色"5 种混合模式。

这一组混合模式是光混合的模式，光混合是加法混合，加法混合越混合越亮。这一组中以"滤色"为代表，该混合模式最能突出光学混合模式的特性。其他几种混合模式虽然有一些个性的变化，但总体上是光混合模式下的不同变化。在制作图像中，如果希望使画面变得亮一些，则可以选择这一组混合模式。

在这一组模式下，如果把"白色"与其他颜色混合，那么都将呈现"白色"；把"黑色"与其他颜色混合，"黑色"将看不到，因为黑色被视为所有的颜色都存在，我们知道所有的颜色用光学混合呈现的是白色，所以画面仍然保持原来的色调。

各效果如图 7-10 至图 7-14 所示。

图 7-10 "变亮"混合模式   图 7-11 "滤色"混合模式

图 7-12 "颜色减淡"混合模式   图 7-13 "线性减淡（添加）"混合模式

图 7-14 "浅色"混合模式

- 分类（4）：在其中有"叠加"、"柔光"、"强光"、"亮光"、"线性光"、"点光"、"实色混合"7 种混合模式，

这一组混合模式也是我们常用到的，这组混合模式综合光混合与物料混合的特点，既保持了图像部分颜色，同时又保留了图像的明暗，其中以"叠加"、"柔光"最为代表，其他的模式也有自己不同的变化形式。

各效果如图 7-15 至图 7-21 所示。

图 7-15 "叠加"混合模式

图 7-16 "柔光"混合模式

图 7-17 "强光"混合模式

图 7-18 "亮光"混合模式

图 7-19 "线性光"混合模式

图 7-20 "点光"混合模式

图 7-21 "实色混合"混合模式

● 分类（5）：在其中有"差值"和"排除"两种混合模式。

这两种混合模式的特点就是图像亮的地方舍弃共同有的颜色，图像暗的地方保持原有颜色。

各效果如图 7-22 和图 7-23 所示。

图 7-22 "差值"混合模式   图 7-23 "排除"混合模式

● 分类（6）：在其中有"色相"、"饱和度"、"颜色"、"明度"4 种混合模式。

这一组混合模式，重心在于混合图像的色相、明度、饱和度的混合，也就是两个图层之间色相、明度、饱和度的对比选择，所以常常会把本层画面原有的图像去掉。

各效果如图 7-24 至图 7-27 所示。

图 7-24 "色相"混合模式

图 7-25 "饱和度"混合模式

图 7-26 "颜色"混合模式

图 7-27 "明度"混合模式

在本例中，采用"明度"混合模式的效果最佳。

7.2.2　混合模式详解

- "正常"：编辑或绘制每个像素，使其成为结果色。这是默认模式（在处理位图图像或索引颜色图像时，"正常"模式也称为阈值）
- "溶解"：编辑或绘制每个像素，使其成为结果色。但是，根据任何像素位置的不透明度，结果色由基色或混合色的像素随机替换。
- "变暗"：查看每个通道中的颜色信息，并选择基色或混合色中较暗的颜色作为结果色。比混合色亮的像素被替换，比混合色暗的像素保持不变。
- "正片叠底"：查看每个通道中的颜色信息，并将基色与混合色复合。结果色总是较暗的颜色。任何颜色与"黑色"复合产生"黑色"；任何颜色与"白色"复合保持不变。当用"黑色"或"白色"以外的颜色绘画时，绘画工具绘制的连续描边产生逐渐变暗的颜色。这与使用多个魔术标记在图像上绘图的效果相似。
- "颜色加深"：查看每个通道中的颜色信息，并通过增加对比度，使基色变暗以反映混合色。与白色混合后不产生变化。
- "线性加深"：查看每个通道中的颜色信息，并通过减小亮度使基色变暗以反映混

173

合色。与"白色"混合后不产生变化。

- "深色"：比较混合色和基色的所有通道值的总和并显示值较小的颜色。"深色"不会生成第3种颜色（可以通过"变暗"混合获得），因为它将从基色和混合色中选择最小的通道值来创建结果颜色。

- "变亮"：查看每个通道中的颜色信息，并选择基色或混合色中较亮的颜色作为结果色。比混合色暗的像素被替换，比混合色亮的像素保持不变。

- "滤色"：查看每个通道的颜色信息，并将混合色的互补色与基色复合。结果色总是较亮的颜色。用"黑色"过滤时颜色保持不变；用"白色"过滤将产生"白色"。此效果类似于多个摄影幻灯片在投影。

- "颜色减淡"：查看每个通道中的颜色信息，并通过减小对比度使基色变亮以反映混合色。与"黑色"混合则不发生变化。

- "线性减淡（添加）"：查看每个通道中的颜色信息，并通过增加亮度使基色变亮以反映混合色。与"黑色"混合则不发生变化。

- "浅色"：比较混合色和基色的所有通道值的总和并显示值较大的颜色。"浅色"不会生成第3种颜色（可以通过"变亮"混合获得），因为它将从基色和混合色中选择最大的通道值来创建结果颜色。

- "叠加"：复合或过滤颜色，具体取决于基色。图案或颜色在现有像素上叠加，同时保留基色的明暗对比。不替换基色，但基色与混合色相混以反映原色的亮度或暗度。

- "柔光"：使颜色变亮或变暗，具体取决于混合色。此效果与发散的聚光灯照在图像上相似。如果混合色（光源）比 50% 灰色亮，则图像变亮，就像被减淡了一样；如果混合色（光源）比 50% 灰色暗，则图像变暗，就像被加深了一样。用"纯黑色"或"纯白色"绘画会产生明显较暗或较亮的区域，但不会产生"纯黑色"或"纯白色"。

- "强光"：复合或过滤颜色，具体取决于混合色。此效果与耀眼的聚光灯照在图像上相似。如果混合色（光源）比50%灰色亮，则图像变亮，就像过滤后的效果，这对于向图像中添加高光非常有用；如果混合色（光源）比50%灰色暗，则图像变暗，就像复合后的效果，这对于向图像添加暗调非常有用。用"纯黑色"或"纯白色"绘画会产生"纯黑色"或"纯白色"。

- "亮光"：通过增加或减小对比度来加深或减淡颜色，具体取决于混合色。如果混合色（光源）比 50% 灰色亮，则通过减小对比度使图像变亮；如果混合色比 50% 灰色暗，则通过增加对比度使图像变暗。

- "线性光"：通过减小或增加亮度来加深或减淡颜色，具体取决于混合色。如果混合色（光源）比 50% 灰色亮，则通过增加亮度使图像变亮；如果混合色比 50% 灰色暗，则通过减小亮度使图像变暗。

- "点光"：替换颜色，具体取决于混合色。如果混合色（光源）比 50% 灰色亮，则替换比混合色暗的像素，而不改变比混合色亮的像素；如果混合色比 50% 灰色暗，则替换比混合色亮的像素，而不改变比混合色暗的像素。这对于向图像添加特殊效果非常有用。

- "差值"：查看每个通道中的颜色信息，并从基色中减去混合色，或从混合色中减去基色，具体取决于哪一个颜色的亮度值更大。与"白色"混合将反转基色值；与"黑色"混合则不产生变化。

- "排除"：创建一种与"差值"模式相似但对比度更低的效果。与"白色"混合将反转基色值；与"黑色"混合则不发生变化。
- "色相"：用基色的亮度和饱和度及混合色的色相创建结果色。
- "饱和度"：用基色的亮度和色相及混合色的饱和度创建结果色。在无饱和度的区域上用此模式绘画不会产生变化。
- "颜色"：用基色的亮度及混合色的色相和饱和度创建结果色。这样可以保留图像中的灰阶，并且对于给单色图像着色和给彩色图像着色都会非常有用。
- "明度"：用基色的色相和饱和度及混合色的亮度创建结果色。此模式能创建与"颜色"模式相反的效果。

7.2.3　案例应用——制作一幅时尚画面

下面运用混合模式来制作一幅时尚的画面，完成后的效果如图 7-28 所示。

图 7-28　时尚画面效果

具体操作步骤如下。

（1）在附带光盘中打开"时尚素材.psd"图像文件，如图 7-29 所示，这是一幅由若干个图形叠放在一起而组成的画面，显得不够有层次感，运用图层混合模式可以来改善。

图 7-29　打开素材文件

（2）选择"图层 1"，设置混合模式为"点光"，效果如图 7-30 所示。

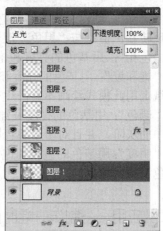

图 7-30　设置"图层 1"的混合模式为"点光"

（3）选择"图层 2"，设置混合模式为"变暗"，效果如图 7-31 所示。

图 7-31　设置"图层 2"的混合模式为"变暗"

（4）选择"图层 3"，设置混合模式为"滤色"，效果如图 7-32 所示。

（5）选择"图层 4"，设置混合模式为"明度"，效果如图 7-33 所示。

图 7-32　设置"图层 2"的混合模式为"滤色"

图 7-33　设置"图层 4"的混合模式为"明度"

（6）选择"图层 5"，设置混合模式为"正片叠底"，效果如图 7-34 所示。

（7）选择"图层 6"，设置混合模式为"强光"，效果如图 7-35 所示。

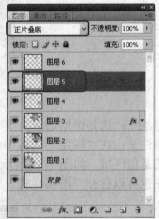

图 7-34　设置"图层 5"的混合模式为"正片叠底"

图 7-35　设置"图层 6"的混合模式为"强光"

7.3 认识图层样式

利用图层样式，可以快速制作出丰富的带有立体感和质感的效果。Photoshop 提供 10 种图层样式，分别为"投影"、"内阴影"、"外发光"、"内发光"、"斜面和浮雕"、"光泽"、"颜色叠加"、"渐变叠加"、"图案叠加"和"描边"。

样式效果的添加需要在"图层样式"对话框中完成。

打开"图层样式"对话框的方法如下。

- 方法一：打开"图层"面板，单击面板底部的"添加图层样式"按钮 *fx.*，在弹出的菜单中选择需要的样式效果，如图 7-36 所示。选择任意一项后都将会弹出"图层样式"对话框。

图 7-36　单击"添加图层样式"按钮

- 方法二：选择图层后，从菜单栏上执行"图层"→"图层样式"中的命令。
- 方法三：在"图层"面板中，首先选择需要被添加样式的图层，然后双击该图层的蓝色区域，如图 7-37 所示；对于非文字和带矢量蒙板的图层，双击图层的缩略图也可以打开"图层样式"对话框。

用鼠标双击蓝色区域

图 7-37　用鼠标双击图层的蓝色区域

专家点拨：

如果双击图层名称，那么将重新命名图层；如果双击文字图层的缩略图，那么将选中该文字图层中的文字；如果双击带矢量蒙版的图层缩略图，那么将弹出"拾色器"对话框，在其中可以为图层中的图形设置颜色。

使用以上方法之一，都将会弹出"图层样式"对话框，如图 7-38 所示。

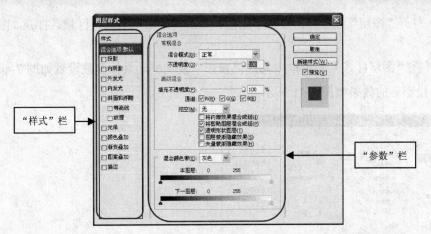

图 7-38　"图层样式"对话框

- "样式"栏：在其中可以选择各种样式，单击样式名称左边的小方框，小方框内出现一个小钩，表示该样式已经被选中，再次单击小方框，可以取消对样式的选择。
- "参数"栏：在左侧激活一种样式后，此时在右侧栏中会出现该样式的各种参数，可以根据需要进行设置。

7.4　图层样式的应用

我们把图层样式分成了两类，一类用来制作立体感效果；另一类用来制作质感效果。

7.4.1　立体感的制作

在 10 种图层样式中，"投影"和"斜面和浮雕"是用来制作立体感效果的。

下面以一个示例的形式具体介绍。打开附带光盘中的"立体感和质感素材.psd"图像文件，如图 7-39 所示，这是一个在背景上输入文字的效果。

图 7-39　打开素材文件

下面为文字添加立体感效果。

1．投影

"投影"样式用来为对象设置阴影效果，投影的参数可以确定物体与背景参照物的距离，根据参数的设置，物体悬浮在背景图像的上面，使图像效果有了光影的关系，实现了物体成形的几个重要的特征，即有了亮面、灰面、暗面，还有了阴影。

（1）打开"图层"面板，选中文字图层，双击文字图层的蓝色区域，打开"图层样式"对话框。

（2）在"图层样式"对话框中勾选"投影"复选框，具体参数设置如图 7-40 所示。

添加投影后的效果如图 7-41 所示。

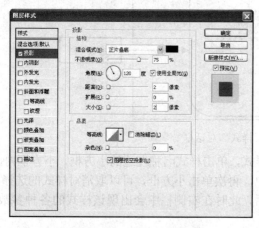

图 7-40　设置"投影"

图 7-41　添加了投影后的效果

2．斜面和浮雕

对于立体的物体，光线是第一重要的，有了照射，物体向光的一面才会亮起来，背光的部位才会是暗色调的。使用"斜面和浮雕"样式可以实现这种立体感的效果。

（1）在"图层样式"对话框中，勾选"斜面和浮雕"复选框，在其右侧可设置各种参数，如图 7-42 所示。

（2）其参数共由"结构"和"阴影"栏组成，"结构"栏用来确定物体立体的形式，也就是决定是凸出来的，还是凹下去的；在"阴影"栏中，可以设置高光和暗调，这是在制作光线照射后物体表面的效果。

完成设置后的效果如图 7-43 所示。

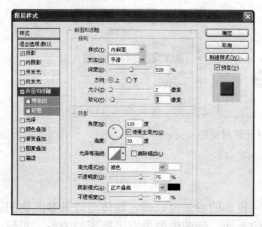

图 7-42　设置"斜面和浮雕"

图 7-43　设置"斜面和浮雕"后的效果

7.4.2　质感的制作

质感是物体本身特有物质组成的表现，物体通过纹理及反射光来反映出物体本身表面的特性。我们知道大多数物体由于光的照射自身会有漫反射的产生。物体本身吸收了其他颜色与光线，而反射出物体本身自有的颜色和明暗，以物体自身表面特有的形式展现出来，反映出不同于其他材质的表面质感。

比如不锈钢的表面比较光，反射出来的光线就比较强，颜色一般是灰白色，我们感觉到不锈钢的表面上有亮光；而塑料反射光就不如不锈钢强，没有刺眼的亮光效果，并且表面有透明的质感效果。当两个物体放到一起时，我们马上就能判断出谁是谁，其实每一种物体都有自身的特点，我们通过分析判断来把它们分类，在设计的过程中能很好地体现一种物体的特性。

在 10 种图层样式中，除去"投影"和"斜面和浮雕"样式，其他的样式均用来制作质感效果。

1．内阴影

"内阴影"样式用来设置物体内部产生的阴影大小，用它制作出来的物体将是透明的效果，因为不透明的物体是没有内阴影的，如图 7-44 和图 7-45 所示。

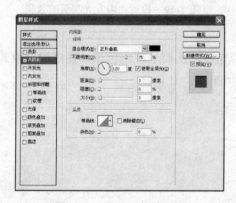

图 7-44　设置"内阴影"　　　　图 7-45　设置"内阴影"后的效果

2．外发光

"外发光"样式用来制作物体表面的反射光，也就是光线照射到背景图像上后反射在物体背面的光线，如图 7-46 和图 7-47 所示。

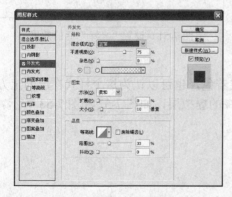

图 7-46　设置"外发光"　　　　图 7-47　设置"外发光"后的效果

3．内发光

"内发光"用来增强透明物体的效果。在"杂色"选项中可以设置一种颜色，使整个画面呈现出该色调。在通常情况下，透明物体内部的光线也会受到影响，如图 7-48 和图 7-49 所示。

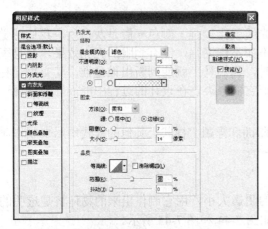

图 7-48　设置"内发光"　　　　　　　图 7-49　设置"内发光"后的效果

4．光泽

"光泽"样式用来确定照射到物体表面上的光线，从而呈现出色泽，在"混合模式"的右侧可设置光泽的颜色，如图 7-50 和图 7-51 所示。

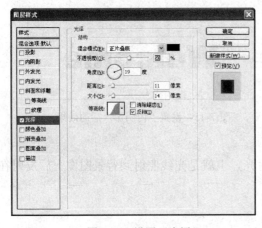

图 7-50　设置"光泽"　　　　　　　图 7-51　设置"光泽"后的效果

5．颜色叠加

这是一个很简单的样式，其作用相当于为层着色，也可以认为这个样式在层的上方加了一个混合模式为"正常"、"不透明度"为 100% 的虚拟层，如图 7-52 和图 7-53 所示。

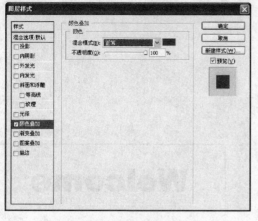

图 7-52　设置"颜色叠加"　　　　　　图 7-53　设置"颜色叠加"后的效果

6. 渐变叠加

"渐变叠加"样式与"颜色叠加"的原理是完全一样的，只不过虚拟层的颜色是渐变的而不是纯色的。在"渐变叠加"的选项中，"渐变"用来设置需要添加的渐变颜色，单击"点按可编辑渐变"按钮，可打开"渐变编辑器"对话框，在其中可设置各种渐变颜色；"样式"用来设置渐变的类型，包括"线性"、"径向"、"对称的"、"角度"和"菱形"；"缩放"用来截取渐变色的特定部分作用于虚拟层上，其值越大，所选取的渐变色的范围越小，否则范围越大，如图 7-54 和图 7-55 所示。

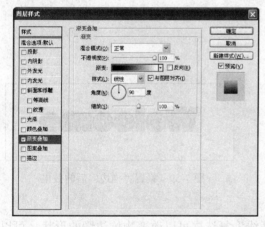

图 7-54　设置"渐变叠加"　　　　　　图 7-55　设置"渐变叠加"后的效果

7. 图案叠加

利用"图案叠加"样式能增强图像质感的表现，可以使图像中透明的效果更加明显。单击"图案"右侧的下三角形按钮，可在弹出的图案选项框中选择一种图案。效果如图 7-56和图 7-57 所示。

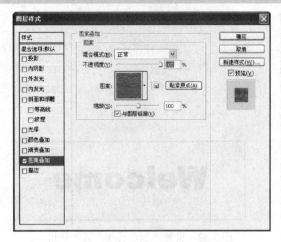

图 7-56 设置"图案叠加"　　　　　　　图 7-57　设置"图案叠加"后的效果

8. 描边

"描边"样式很直观简单，用来为图层中非透明部分的边缘进行各种方式的描边。效果如图 7-58 和图 7-59 所示。

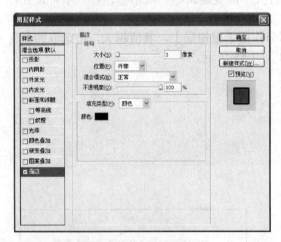

图 7-58　设置"描边"　　　　　　　图 7-59　设置"描边"后的效果

9. 等高线和纹理

我们还可以来调节一些细节，勾选"等高线"复选框可以改变物体边缘的形状。可以使原有的平整表面富有层次感，单击"等高线"右边的图标，弹出"等高线编辑器"对话框，在"预设"下拉列表中可以选择已经设置好的等高线形状，也可以自己调整等高线曲线，使物体表面更富有层次感，如图 7-60 所示。

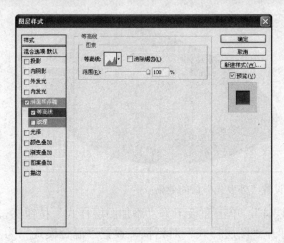

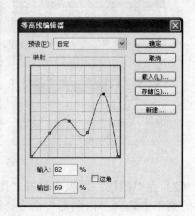

图 7-60　设置"等高线"

勾选"纹理"复选框，则可以为图像添加各种纹理的效果，非常简单。

10. 组合样式

在应用图层样式时，我们可以组合着来使用，以实现自己所要表现的立体感和质感效果。

7.4.3　案例应用——制作播放器效果

在介绍路经工具的时候，我们绘制了一个播放器的外轮廓，如图 7-61 所示。

下面使用图层样式功能来为其添加金属效果及立体感，具体操作步骤如下。

（1）首先来为外轮廓添加外发光效果。在"图层"面板中选择"图层 1"，在面板下方单击"添加图层样式"按钮 $fx.$ ，从弹出的菜单中选择"外发光"命令，打开"图层样式"对话框，设置"混合模式"为"正常"，选中⊙单选按钮 ，单击■按钮，设置一种"外发光颜色"， RGB 参考值为（80，80，80），在"大小"文本框中输入"4"像素，其他参数为默认，如图 7-62 所示。

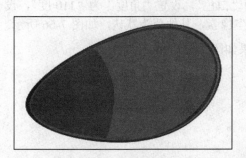

图 7-61　播放器的外轮廓

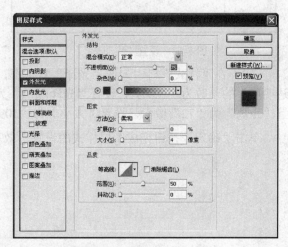

图 7-62　设置"外发光"

单击"确定"按钮，设置完后的外发光效果如图 7-63 所示。

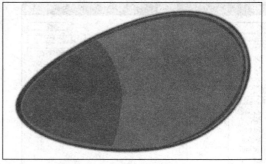

图 7-63　设置"外发光"后的效果

　　（2）在"图层"面板中选择"图层 4"，单击面板下方"添加图层样式"按钮 <i>fx.</i>，从弹出的菜单中选择"内阴影"命令，打开"图层样式"对话框，设置"混合模式"为"正常"，设置"不透明度"值为"95%"，设置"阴影颜色"为"黑色"，设置"角度"为"120度"，设置"距离"为"5"像素，设置"大小"为"45"像素，其他值为默认，如图 7-64所示。

　　设置完后的效果如图 7-65 所示。

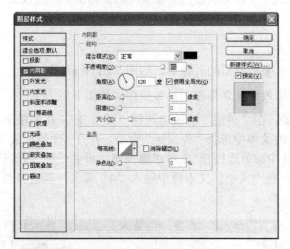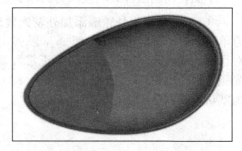

图 7-64　设置"内阴影"　　　　　　　　　图 7-65　设置"内阴影"后的效果

　　（3）在"样式"栏中勾选"光泽"复选框，设置"混合模式"为"正常"，设置"不透明度"的参数为"100%"，设置"光泽颜色"为"白色"，设置"角度"为"110 度"，设置"距离"为"72"像素，设置"大小"为"109"像素，其他值为默认，如图 7-66 所示。

　　单击"确定"按钮完成图层样式的设置，效果如图 7-67 所示。

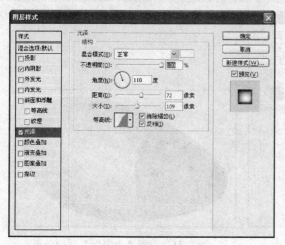

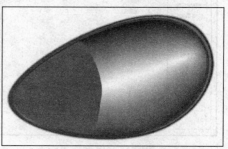

图 7-66　设置"光泽"　　　　　　　图 7-67　设置"光泽"后的效果

（4）在"图层"面板中选择"图层 5"，在面板下方单击"添加图层样式"按钮 **fx.**，从弹出的菜单中选择"投影"命令，打开"图层样式"对话框，设置"混合模式"为"正常"，设置"不透明度"为"100%"，设置"投影颜色"，RGB 参考值为（20，20，20），设置"角度"为"120 度"，设置"距离"和"大小"为"1"像素，设置 "等高线"为"半圆"，如图 7-68 所示。

设置"投影"后的效果如图 7-69 所示。

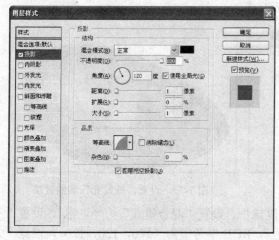

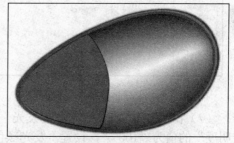

图 7-68　设置"投影"　　　　　　　图 7-69　设置"投影"后的效果

（5）在"样式"栏中勾选 "内阴影"复选框，设置"混合模式"为"正常"，设置"不透明度"的值为"70%"，设置"角度"的值为"120 度"，设置"距离"的值为"24"像素，设置"大小"为"29"像素，如图 7-70 所示。

设置"内阴影"后的效果如图 7-71 所示。

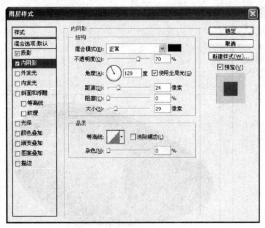

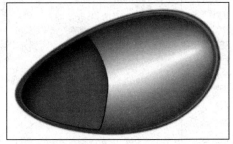

图 7-70　设置"内阴影"　　　　　　　　图 7-71　设置"内阴影"后的效果

（6）在"样式"栏中勾选"外发光"复选框，设置"混合模式"为"正常"，设置"不透明度"值为"100%"，设置"发光颜色"，RGB 参考值为（120，120，120），其他参数的设置如图 7-72 所示。

设置"外发光"后的效果如图 7-73 所示。

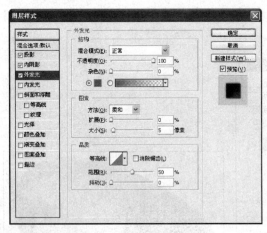

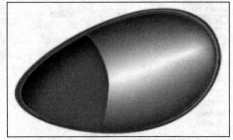

图 7-72　设置"外发光"　　　　　　　　图 7-73　设置"外发光"后的效果

（7）在"样式"栏中勾选"内发光"复选框，设置"混合模式"为"正常"，设置"不透明度"的值为"100%"，设置"发光颜色"，RGB 参考值为（120，120，120），设置"大小"值为"10"像素，如图 7-74 所示。

设置"内发光"后的效果如图 7-75 所示。

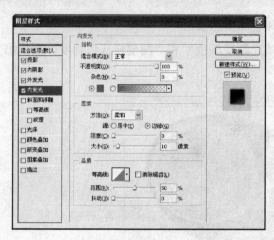

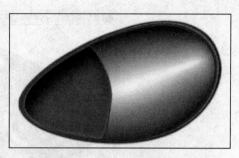

图 7-74 设置"内发光" 　　　　图 7-75 设置"内发光"后的效果

（8）在"样式"栏中勾选"光泽"复选框，设置"混合模式"为"正常"，设置"不透明度"值为"90%"，设置"光泽颜色"为"白色"，设置"角度"值为"100 度"，设置"距离"值为"37"像素，设置"大小"值为"65"像素，如图 7-76 所示。

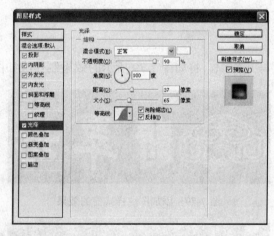

图 7-76 设置"光泽"

单击"确定"按钮完成设置，效果如图 7-77 所示。

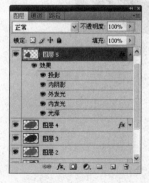

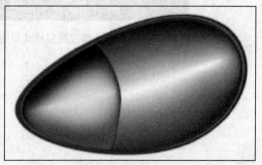

图 7-77 设置"光泽"后的效果

此时可以看到，图形有了比较好的立体感和质感效果。

最后用同样的方法，通过"路径"、"填充渐变颜色"和"图层样式"功能，制作出其他效果，播放器的最终效果如图 7-78 所示。

图 7-78　播放器的最终效果

7.5　操作题

根据本章所学图层样式知识，将如图 7-79 所示的效果制作成如图 7-80 所示的效果。

图 7-79　添加图层样式前的效果

图 7-80　添加图层样式后的效果

第8章 使用通道与蒙版制作图像

内容简介

如果说在前面的章节中主要介绍的是 Photoshop 的基础知识，那么本章介绍的将属于 Photoshop 中比较高级的内容。许多学习者总是难以理解通道和蒙版的概念，为了能让学习者理解，我们将从"通道是什么"、"通道能做什么"着手，逐层解析通道的内在含义，并介绍具体的应用方法。

本章导读

- 理解通道的含义。
- 利用通道提取图像。
- 利用通道制作特效。
- 图层蒙版的含义。
- 图层蒙版的应用方法。
- 快速蒙版的含义和应用。

8.1 通道的应用

简单而言，"通道"是一种选区，是一种有着特殊功能的选区。为了能比较容易地理解通道的概念，我们先从通道能保存选区为切入点进行介绍。

8.1.1 通道是什么

我们先来打开一幅图像，如图 8-1 所示。

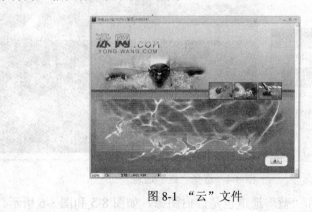

图 8-1 "云"文件

打开"通道"面板，可以看到其中分别有"RGB"、"红"、"绿"、"蓝"4 个通道，如图 8-2 所示。"RGB"通道为合成图像后的通道，而"红"、"绿"、"蓝"3 个通道是光学成像原理的三原色。

在 RGB 模式的图像中，通道按照光学成像的原理把图像分成了 3 种颜色。"红"通道中包含着图像的全部红色，"绿"通道中包含着图像的全部绿色，"蓝"通道中包含着图像的全部蓝色。

对于在 CMYK 模式的图像中，打开"通道"面板，如图 8-3 所示，可以看到，除了合层图像的"CMYK"通道外，图像被"青色"、"洋红"、"黄色"和"黑色"4 个通道分了色。CMYK 是物料混合的模式，这种分色就是我们常用的印刷分色。

图 8-2 RGB 模式的"通道"面板　　　　图 8-3 CMYK 模式的"通道"面板

 专家点拨：

执行"图像"→"模式"→"CMYK 颜色"命令，可以将图像转换为"CMYK"模式。

下面我们来选择一个通道，如选择"红"通道，可以看到图像中原有的彩色没有了，而成为黑白图像，如图 8-4 所示。

图 8-4 选择"红"通道

同样地，"绿"通道和"蓝"通道也是黑白图像，如图 8-5 和图 8-6 所示。

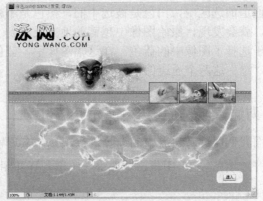

图 8-5 选择"绿"通道

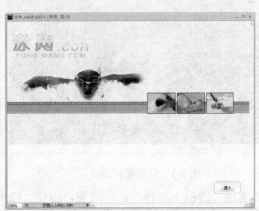

图 8-6 选择"蓝"通道

由此可见,通道是无色彩的黑白图像,所有的色彩变化用黑、白、灰色的变化来表示。

8.1.2 通道的特性

下面来对通道创建选区,看看都选到了什么内容?

如创建"蓝"通道的选区,按住"Ctrl"键的同时单击"通道"面板上的"蓝"通道,可以看到"蓝"通道中出现了选区,如图8-7 所示。

创建了这个选区后来研究一下该选区选到了什么内容,这个选区的最大特点是:选中的是通道中白色的图像,并且可以自动分色阶选择,越白的地方越被选中,越黑的地方越不被选中,这就意味着即使图像中有明暗的过渡色,也可以从白到黑的被选中。

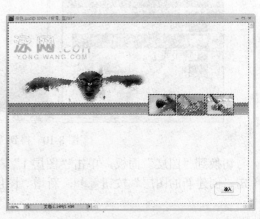

图 8-7 将"蓝"通道载入选区

在通道的选区中，白色是被选中的，黑色是不被选中的。通过"蓝"通道与原始图像做对比，就会发现，原始图像中越蓝的地方反映到"蓝"通道中就越白，我们选择了白色就相当于选择了图像中的蓝色。在这幅图像中，蓝色成分比较多，所以"蓝"通道明显比"红"、"绿"这两个通道偏白。

8.1.3 对通道中的选区进行填充

下面我们通过对通道中的选区进行填充，来理解通道选区到底是什么。

打开"填充.psd"图像，如图8-8所示。打开图像的"通道"面板，如图8-9所示。

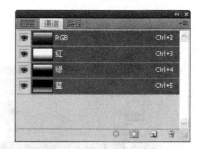

图 8-8 打开素材图像　　　　　　　图 8-9 打开"通道"面板

在"通道"面板上选择"红"通道，按住"Ctrl"键，单击"红"通道，得到"红"通道的选区，如图8-10所示。

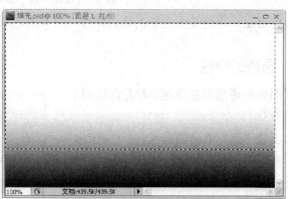

图 8-10 得到"红"通道的选区

切换到"图层"面板，单击"图层 1"左边的"眼睛"图标，将"图层 1"隐藏起来，单击"创建新的图层"按钮，新增"图层 2"，如图8-11所示。

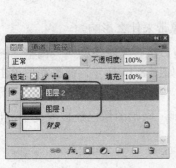

图 8-11　隐藏"图层 1"并新增"图层 2"

在工具箱中单击"设置前景色"按钮，弹出"拾色器"对话框，设置一种颜色，如图 8-12 所示。

图 8-12　设置前景色

按"Alt+Delete"组合键，将刚设置的"前景色"填充到选区中，可以发现填充到选区中的颜色为渐变色，如图 8-13 所示。这一点与用其他工具创建的选区是完全不同的，通道中的选区可以选中色阶。

可以得出结论：在通道里的选区，选白不选黑，白色是被选中的，黑色是没有被选中的，灰色部分表示通道可以把不同的色阶根据黑白的多少进行选择。

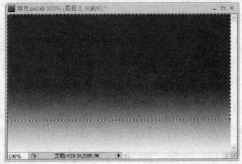

图 8-13　填充后的效果

8.1.4 修改通道对图像的影响

下面来看看修改单个通道中的图像会给整幅图像带来什么影响。

打开图像后，在"通道"面板中选择"绿"通道，执行"图像"→"调整"→"曲线"命令，弹出"曲线"对话框，适当调整曲线的形状，如图 8-14 所示。调整完后单击"确定"按钮。

在"通道"面板中选择"RGB"通道，可以看到，原始图像已经被改变了，出现了偏绿的色调，如图 8-15 所示。

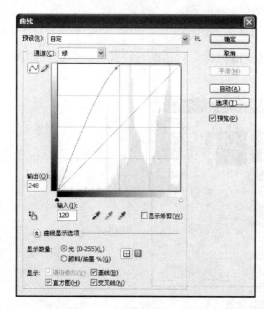

图 8-14　调整图像的"曲线"

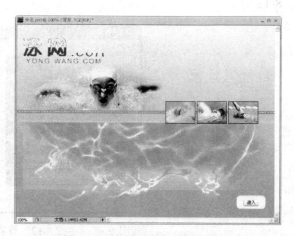

图 8-15　改变通道就改变了图像

正因为通道的这个特点，所以我们在制作图像的过程中，除非有特殊的需要，一般不要改变原始通道。如果要调整通道，则最好先复制出一个，备份好，然后进行调整。

8.1.5 通道能保存选区

在图像制作过程中，当后面的制作还需要该选区，而下一步的操作会使图像发生改变时，就需要把该选区预先保存起来。

回顾已经学过的知识，可以发现使用路经功能可以实现以上目的，具体操作方法：打开"路径"面板，将以后还会用到的选区转换为路经，保存在面板中；当需要再次使用的时候，可以将路经转换为选区。

通道同样具有这个功能，操作起来将会更加方便，下面举例进行说明。

打开配套光盘中的"选区.psd"图像文件，如图 8-16 所示。

打开"图层"面板，如图 8-17 所示，面板中有两个图层，其中图像中的渐变色环存放在"图层 1"中。

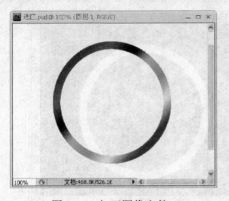

图 8-16　打开图像文件

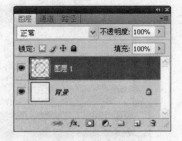

图 8-17　"图层"面板

如果要对"图层 1"中的图像区域施加操作，那么需要先找到图像的选区，通常我们通过按住"Ctrl"键，然后单击"图层 1"来得到该图层中图像的选区，如图 8-18 所示。

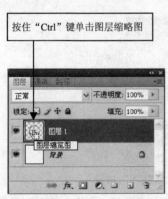

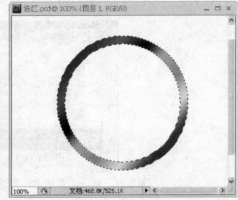

图 8-18　将"图层 1"中的图像载入选区

由于后面的制作过程中还将应用到该选区，因此需要把该选区保存起来。

打开"通道"面板，单击"将选区存储为通道"按钮 ，可以看到通道中出现了一个"Alpha 1"通道，如图 8-19 所示。

图 8-19　单击"将选区存储为通道"按钮

选择"Alpha 1"通道，可以看到这是一幅黑白的画面，白色部分是表示选中的区域，黑色部分是表示不被选中的区域，如图 8-20 所示。

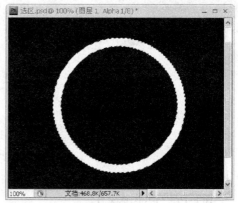

图 8-20　选中"Alpha 1"通道

　　当以后需要用到该选区的时候，只需要选中"Alpha 1"通道，然后单击"将通道作为选区载入"按钮 ，如图 8-21 所示。

图 8-21　单击"将通道作为选区载入"按钮

　　载入完通道中的选区后，在"通道"面板中选择"RGB"通道，返回到图像正常的画面，如图 8-22 所示，可以看到选区被建立起来了。

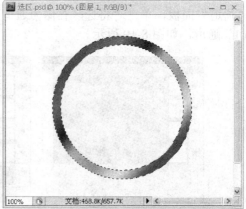

图 8-22　回到"RGB"通道

8.2　利用通道制作复杂的选

　　理解了通道的含义后，下面来创建特殊的选区，以实现复杂图形的提取。

　　在设计过程中，常常需要从其他图像中抠取元素，然后将它们移动到当前制作的图像中。对于一般元素的提取而言，用工具箱中的选区工具或路径工具就可以轻易地将需要的元素选中并移动到图像中，可是对于茂盛的大树、杂乱的头发等复杂外形的元素，用这些工具就显得力不从心了，而用通道可以轻易地提取这些复杂图形。

　　下面我们提取图像中的"树"元素，具体操作步骤如下。

　　（1）打开一幅包含"树"元素的图像，如图 8-23 所示。我们需要把图像中的大树轮廓图取出来。

图 8-23　打开包含"树"元素的图像

　　（2）打开"通道"面板，观察"红"、"绿"、"蓝"三个通道，可以看到"红"通道的明暗反差最大，如图 8-24 所示。

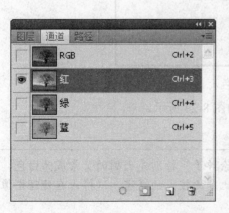

图 8-24　"红"通道的效果

（3）将"红"通道拖动到"创建新通道"按钮 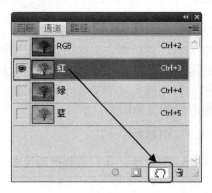 上，得到"红 副本"通道，如图 8-25 所示。

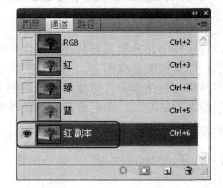

图 8-25 复制通道

专家点拨：

在对通道进行操作之前，为了避免误操作而无法恢复图像，应备份好该通道。

（4）执行"图像"→"调整"→"色阶"命令，弹出"色阶"对话框，调整色阶滑块，增加对比度，如图 8-26 所示。

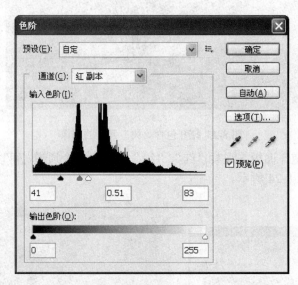

图 8-26 设置色阶

（5）设置完后，单击"确定"按钮，效果如图 8-27 所示。

专家点拨：

可以看到，画面上很多灰色的图像被排除掉了，特别是大树的背景成为白色，突出了大树的轮廓。所以制作前要选择对比度比较大的通道，这样，在处理图像时会比较容易。

图 8-27　设置"色阶"后的效果

（6）执行"图像"→"调整"→"反相"命令，对图像进行反相，如图 8-28 所示。

图 8-28　对图像进行反相

这样，我们所需的大树选区就成了白色，白色正是我们可以选择的。

（7）按住 Ctrl 键，单击"红 副本"通道，得到选区，如图 8-29 所示。

图 8-29 得到通道的选区

 专家点拨：

选中通道后，单击"通道"面板下方的"将通道作为选区载入"按钮，可将通道转化为选区。

（8）切换到"图层"面板，新建"图层1"，如图8-30所示。

图 8-30 新建图层

（9）在工具箱中设置"前景色"为黑色，按 Alt+Delete 组合键，将选区填充为黑色。

（10）使用选区工具，减去对地面的选择，如图 8-31 所示。

图 8-31　在当前选区中减去地面部分

（11）按 Ctrl+D 组合键，取消选择，关闭"背景"图层，如图 8-31 所示。

图 8-32　制作好的大树元素

这样，一个复杂的大树元素就制作好了。

8.3 | Alpha 通道的应用

下面使用 Alpha 通道功能来制作一个具有金属光泽和质感的金属圆环，完成后的效果如图 8-33 所示。

图 8-33　金属环的效果

其操作步骤如下。

1．圆环图形的制作

（1）创建一个新的图像文件，如图 8-34 所示，设置完后单击"确定"按钮。

（2）从菜单栏上执行"视图"→"标尺"命令，在图像窗口中打开标尺，将鼠标分别移动到"上标尺"和"左标尺"上，按下鼠标左键并拖动到画面的中心，得到水平和垂直的两条辅助线，如图 8-35 所示。

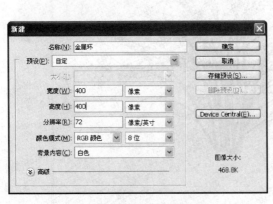

图 8-34　设置新建的图像文件

图 8-35　绘制水平和垂直的两条辅助线

（3）选择工具箱中的"椭圆选框工具"，将鼠标移动到两条辅助线的交点处，按住"Alt+Shift"组合键，拖动鼠标，绘制出如图 8-36 所示的正圆形选区。

（4）保持"椭圆选框工具"处于被选择状态，在选项栏上按下"从选区减去"按钮，制作一个以参考线交点为圆心，半径较小的正圆选区，如图 8-37 所示。这样，我们就得到了一个由两个正圆形选区相减后得到的环形选区。

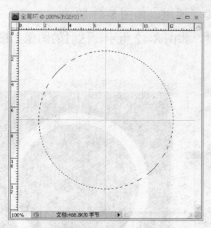

图 8-36　绘制出一个圆形选区

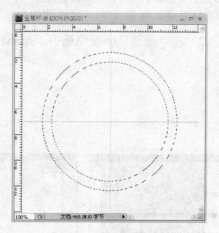

图 8-37　得到的环形选区

（5）为了可以对圆环的效果进行单独的控制，需要先创建一个新图层。单击"图层"面板上的"创建新的图层"按钮，新建"图层 1"，如图 8-38 所示。在工具箱中设置"前景色"为一种灰色，如图 8-39 所示。

图 8-38　新建"图层 1"

图 8-39　设置前景色

（6）执行"视图"→"标尺"命令，隐藏标尺，执行"视图"→"清除参考线"命令删除参考线。按"Alt+BackSpace"组合键，将刚设置的前景色填充到选区中，如图 8-40 所示。

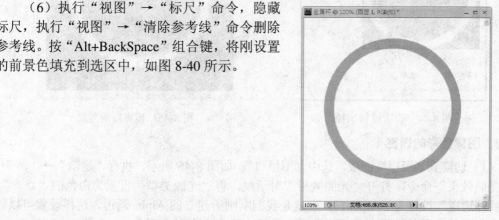

图 8-40　填充选区

2. 创建 Alpha 通道

（1）接下来用 Alpha 通道功能对圆环做立体光影的处理。保持圆环处于选中状态，下面将选区的范围转换为 Alpha 通道，打开"通道"面板，单击"通道"面板下方的"将选区存储为通道"按钮 ，这样就将当前选区转为了通道，如图 8-41 所示。

（2）在"通道"面板中选中"Alpha 1"通道，如图 8-42 所示，这时的图像如图 8-43 所示。

图 8-41　将选区转换为通道　图 8-42　选中"Alpha 1"通道　图 8-43　选中"Alpha 1"通道的效果

（3）执行"滤镜"→"模糊"→"高斯模糊"命令，打开"高斯模糊"对话框，设置模糊"半径"为"6"像素，如图 8-44 所示。单击"确定"按钮，得到如图 8-45 所示的效果。

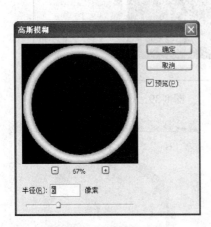
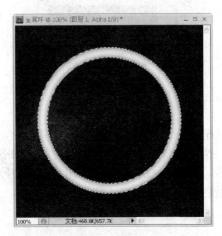

图 8-44　设置模糊半径　　　　　　　　　　图 8-45　模糊后的效果

3. 图像色彩的调整

（1）切换到"图层"面板，选中"图层 1"，如图 8-46 所示，执行"滤镜"→"渲染"→"光照效果"命令，打开"光照效果"对话框，将"光源类型"设置为白色的"点光"，将"纹理通道"设置为"Alpha1"，也就是我们刚刚所建立的 Alpha 通道，这样设置可以让圆环获得立体凸现的效果，将"光源方向"设定为由左上至右下方向，如图 8-47 所示。

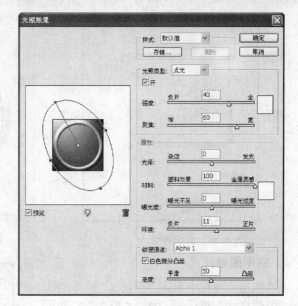

图 8-46　选中"图层 1"　　　　　　图 8-47　设置光照效果

（2）设置完成后单击"确定"按钮，这时圆环获得了金属的质感，按"Ctrl+D"组合键取消选区，如图 8-48 所示。

（3）执行"图像"→"调整"→"曲线"命令，打开"曲线"对话框，调整曲线的形状，如图 8-49 所示。

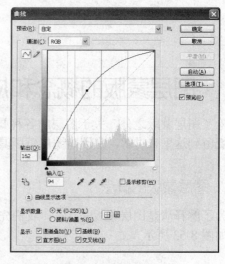

图 8-48　设置光照后的效果　　　　　　图 8-49　曲线调整（一）

（4）再次执行"曲线"命令，调整曲线，如图 8-50 所示。

调整完后的金属环的效果如图 8-51 所示。

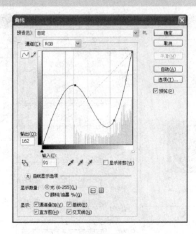

图 8-50　曲线调整（二）

图 8-51　设置曲线后的效果

4．应用图层样式

在"图层"面板中双击"图层 1"的缩略图，打开"图层样式"对话框，勾选"投影"复选框，具体设置如图 8-52 所示。单击"确定"按钮，添加了投影后，金属环有了明显的立体感，效果如图 8-33 所示。至此，金属环的制作就完成了。

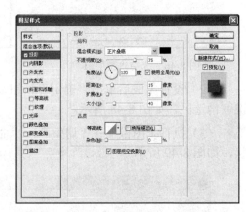

图 8-52　设置"投影"效果

8.4　图层蒙版的概念和应用

除了图层蒙版之外，关于图层的各种知识，我们已经在前面具体介绍了，之所以把图层蒙版留到这里来讲解，是因为图层蒙版具有与通道相同的特性。

8.4.1　图层蒙版的概念

为了解释清楚图层蒙版是什么，我们先来打开一幅素材图像，然后打开其 "图层"面板，如图 8-53 所示。

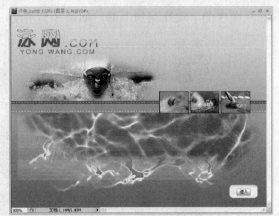

图 8-53　打开素材图片

选择"图层 1"，单击面板底部的"添加图层蒙版"按钮 ，可以为所选的图层添加一个图层蒙版，如图 8-54 所示。

图 8-54　添加蒙版

为图层添加了蒙版后，切换到"通道"面板，可以发现在面板中多出了一个名称为"图层 1 蒙版"的通道，如图 8-55 所示。该通道就是"图层 1"的"蒙版"，因此可以说，蒙版同样拥有"通道"的所有特点，只不过蒙版是作用在图层上的。在图像制作过程中，"蒙版"与"通道"的组合使用，可以高效地制作出各种特殊效果。

切换到"图层"面板，选中"图层 1"图层上的"蒙版"，如图 8-56 所示。

用鼠标单击这个蒙版缩略图，表示选中蒙版

图 8-55　"图层 1 蒙版"的通道　　　　图 8-56　选中"图层 1"图层上的"蒙版"

选择"渐变工具" ，在选项栏上按下"线性渐变"按钮 ，选择"黑色、白色"渐变，用鼠标从图像的下端拖动到上端，如图 8-57 所示。

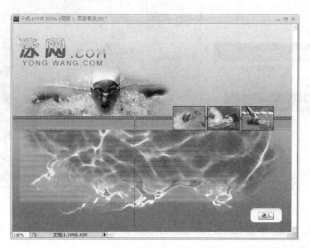

图 8-57　用鼠标从图像的下端拖动到上端

可以看到，在"蒙版"上出现了渐变色，这时图像也发生了变化，图像的下方渐渐隐去，露出了"背景"图层中的黑色，如图 8-58 所示。

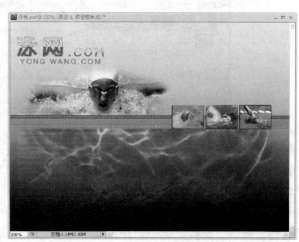

图 8-58　在蒙版中制作渐变

在"通道"中，白色是被选中的，黑色是不被选中的，"蒙版"也是这样。由于白色是被选中的，所以含有白色区域的图像被保留下来，含有黑色区域的图像被隐去，在被隐去的图像范围内，就会露出下面图层中的图像。

8.4.2　图层蒙版的应用

了解了图层蒙版的特性后，下面举个常用的例子。使用"图层蒙版"，可以轻易制作从一幅图像到另一幅图像的渐变过渡效果。

如图 8-59 至图 8-61 所示为 3 幅素材图片，下面将它们组合在一起，制作出一幅如图 8-62 所示的画面效果。

图 8-59 素材（一）

图 8-60 素材（二）

图 8-61 素材（三）

图 8-62 制作完成后的效果

其制作步骤如下。

（1）新建一个图像文件，如图 8-63 所示，单击"确定"按钮。

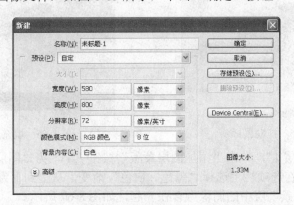

图 8-64 新建图像文件的设置

（2）选择"移动工具"，将"素材（一）"拖动到新建的图像文档中，成为"图层 1"，调整好位置，如图 8-64 所示。

图 8-64　拖入素材（一）

（3）在"图层"面板上选择"背景"图层，选择"渐变工具"，在选项栏上按下"线性渐变"按钮，单击"点按可编辑渐变"按钮，弹出"渐变编辑器"对话框，设置一种从深蓝到蓝色的渐变颜色，单击"确定"按钮，在画面中，由下至上拖动鼠标，如图 8-65 所示。将刚设置的渐变色填充到"背景"图层中，效果如图 8-66 所示。

图 8-65　拖动鼠标

图 8-66　填充后的效果

（4）选择"图层 1"，单击"添加图层蒙版"按钮 ，为"图层 1"添加一个蒙版，选择"渐变工具"，在选项栏上选择"黑色、白色"渐变，从上到下为蒙版填充黑白渐变，将"图层 1"和"背景"层中的图像融合在一起，如图 8-67 所示。

图 8-67 为蒙版添加黑白渐变色并融合图像

此时的图层面板如图 8-68 所示。

（5）使用"移动工具"拖入"素材（二）"图像，成为"图层 2"，调整到图像的下方，如图 8-69 所示。

图 8-68 为"图层 1"添加蒙版　　　　图 8-769 拖入"素材（二）"图像

（6）在"图层"面板中单击"添加图层蒙版"按钮 ，为"图层 2"添加一个蒙版。

（7）选择"渐变工具"，从上到下为蒙版填充黑白线性渐变色，如图 8-70 所示，将"图层 2"和"图层 1"中的图像融合在一起。

图 8-70　为蒙版添加黑白线性渐变色并融合图像

此时的"图层"面板如图 8-71 所示。

（8）使用"移动工具"拖入"素材（三）"图像，成为"图层 3"，在"图层"面板中将"图层 3"调整到"背景"层的上面，如图 8-72 所示。

图 8-71　"图层 2"的蒙版　　　　　图 8-72　拖入"素材（三）"并调整位置

（9）在"图层"面板中单击"添加图层蒙版"按钮 ▢ ，为"图层 3"添加一个蒙版。

（10）选择"渐变工具"，由下至上为蒙版添加黑白渐变色并将图像融合，如图 8-73 所示。

图 8-73　为"图层 3"添加黑白蒙版

到这里，图像的光滑拼接制作完成。

8.5　快速蒙版的应用

除了上面介绍的"图层蒙版"之外，我们在第 3 章中提及过一种叫做快速蒙版，它同样也具有通道的特性，关于它的简单应用已经在第 3 章中介绍了。下面介绍关于它的通道特性的具体应用。

（1）新建一个图像文件后输入文本，如图 8-74 所示。

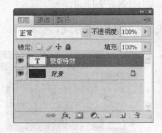

图 8-74　新建图像文件并输入文本

（2）按住"Ctrl"键，在"图层"面板上单击文字图层，得到文字的选区，如图 8-75 所示。

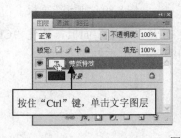

图 8-75　选中文字

215

（3）在工具箱中单击"以快速蒙版模式编辑"按钮 ，使图像进入快速蒙版状态，如图 8-76 所示。

（4）打开"通道"面板，在其中出现了一个"快速蒙版"通道，这说明快速蒙版也具有通道的特性，如图 8-77 所示。

图 8-76　进入快速蒙版模式　　　　　图 8-77　"快速蒙版"通道

（5）选择"画笔工具" ，在文字的靠下方涂抹，被涂抹过的地方将以深红色显示，如图 8-78 所示。

图 8-78　用"画笔工具"涂抹

（6）在工具箱中单击"以标准模式编辑"按钮 ，退出快速蒙版模式，此时得到一个选区，该区域为没有被"画笔工具"涂抹的部位，如图 8-79 所示。

此时在"通道"面板中的"快速蒙版"通道消失，如图 8-80 所示。

图 8-79　回到标准模式　　　　　图 8-80　"通道"面板

（7）回到画笔涂抹前的状态，如图 8-76 所示，打开"通道"面板，按住"Ctrl"键的同时单击"快速蒙版"，得到通道中文字的选区，如图 8-81 所示。

图 8-81　选中通道中的文字

（8）选择"选区工具"，把鼠标移动到选区中，拖动鼠标，向右下方适当调整选区，与文字形成错位，如图 8-82 所示。

 专家点拨：

选择"选区工具"后，按键盘上的方向键可以调整选区的位置。

图 8-82　移动选区

（9）在工具箱中设置前景色为"黑色"，按"Alt+Delete"组合键，对选区填充前景色，填充的"黑色"在快速蒙版中会显示为"红色"，如图 8-83 所示。

（10）在工具箱中单击"以标准模式编辑"按钮，回到标准模式，此时可以看到文字边缘的选区，如图 8-84 所示。

图 8-83　对选区进行填充后的效果　　　　图 8-84　切换到标准模式后的效果

（11）在"图层"面板中选中文字图层并单击鼠标右键，在弹出的快捷菜单中执行"栅格化文字"命令，再执行"图像"→"调整"→"曲线"命令，弹出"曲线"对话框，调整曲线的形状，如图 8-85 所示。

（12）调整完后，单击"确定"按钮，按"Ctrl+D"组合键取消选区，效果如图 8-86 所示。

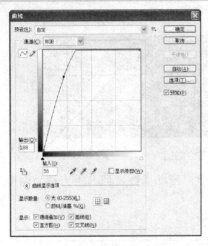

图 8-85　调整曲线　　　　　　　　　　图 8-86　调整曲线后的文字效果

（13）同理，在得到快速蒙版的文字选区后，向左上方调整选区的位置，形成错位，对选区填充为"黑色"，如图 8-87 所示。

（14）回到标准模式，得到文字另一边的边缘选区，如图 8-88 所示。

图 8-87　建立选区并填充上黑色　　　　　图 8-88　得到文字另一边的边缘选区

（15）执行"图像"→"调整"→"色相/饱和度"命令，弹出"色相/饱和度"对话框，调整"明度"，如图 8-89 所示。

（16）调整完后，单击"确定"按钮，按"Ctrl+D"组合键取消选区，效果如图 8-90 所示。

图 8-89　设置色相/饱和度　　　　　　　图 8-90　调整完后的文字效果

到这里，一个利用快速蒙版制作的特效文字就完成了。

8.6 操作题

1. 利用通道的功能，将人物照片中杂乱的头发进行提取，并保存文件。

2. 利用变换和图层蒙版的功能，将图 8-91 中的左图人物阴影效果，制作成右图的人物阴影效果。

图 8-91 制作阴影

第 9 章   滤镜的应用

内容简介

使用 Photoshop 中的滤镜功能，可以快速地制作出各种特殊的效果。本章主要介绍 Photoshop 中内置滤镜的功能和使用方法。

本章导读

- 滤镜的概念。
- 滤镜库的使用。
- 各类滤镜的使用方法。
- 智能滤镜的使用。
- 滤镜的综合应用案例。

9.1   滤镜的简介

滤镜分内置滤镜和外挂滤镜两种。内置滤镜是指安装完 Photoshop 软件时自动安装的滤镜，如果安装 Photoshop 时采用默认路径的安装方式，那么这些内置滤镜被安装的目录为 "C:\Program Files\Adobe\Adobe Photoshop CS4\Plug-ins\Filters"；外挂滤镜也叫第三方路径，是指由第三方厂商为 Photoshop 所开发的滤镜，这种滤镜一般有自己的安装程序，比较知名的外挂滤镜有 KPT、PhotoTools、Eye Candy 等，运用它们都可以高效完成某种特定的效果。

9.2   滤镜库

所谓 "滤镜库" 就是由若干种滤镜组合在一个对话框中的集合，使用它可以查看使用不同滤镜所产生的效果，以此进行比较；还可以为图像作用多个滤镜，并隐藏或显示某几个滤镜的效果。

从菜单栏上执行 "滤镜" → "滤镜库" 命令，打开 "滤镜库" 对话框，该对话框中的功能说明如图 9-1 所示。

图 9-1 "滤镜库"对话框

● 滤镜选择区：在这里可以通过单击展开各滤镜类，其中显示了滤镜的缩略图，用鼠标单击它表示为图像添加该滤镜效果。
● 参数设置区：选择了滤镜后，在参数设置区中可以设置所选滤镜的各种参数。
● 滤镜控制区：如果需要对图像进行多种滤镜的添加，或者想同时比较多种滤镜的效果差别，那么可以使用该区的功能。操作方法与对"图层"面板的操作十分相似，单击靠下方的"新建效果图层"按钮，可以新增一个效果图层，单击"删除效果图层"按钮，可以将所选的效果图层删除，为不同的效果图层添加各种滤镜效果，可实现为图像一次添加多个滤镜的功能。如果想要比较不同滤镜产生的效果差别，那么可以单击效果图层左侧的"眼睛"图标，可以隐藏相对应的滤镜，此时眼睛图标消失，出现一个空的框，再次单击，眼睛图标再次出现，所添加的滤镜效果也再次显示。
● 预览区：在这里可以预览添加滤镜后的效果。
使用"滤镜库"大大方便了滤镜的应用，在工作中十分常用。

9.3 滤镜分类介绍

在 Photoshop CS4 中有 100 多个内置滤镜，软件为这些滤镜分好了类，我们可以根据需要按类找寻自己需要的滤镜。

9.3.1 风格化

"风格化"滤镜通过置换像素和通过查找并增加图像的对比度，在选区中生成绘画或印象派的效果。在该类滤镜中，比较常用的是"风"、"浮雕效果"滤镜。

1．风

该滤镜在图像中创建水平线以模拟风的动感效果。它是制作纹理或为文字添加阴影效果时常用的滤镜工具。

从菜单栏上执行"滤镜"→"风格化"→"风"命令，打开"风"对话框，如图 9-2 所示。

图 9-2　"风"对话框

该对话框中的参数说明如下。

● "方法"：选择"风"单选按钮表示设置一种微风效果；选择"大风"单选按钮表示风的效果较大一些；选择"飓风"单选按钮表示风的效果会非常大。

● "方向"：选择"从右"单选按钮表示风的吹向为从右向左吹；选择"从左"单选按钮表示风的吹向是从左向右吹。

如图 9-3 所示的是使用"风"滤镜制作出的文字特效。如图 9-4 所示的是以"风"滤镜的制作为基础，然后通过变形得到的羽毛效果。

使用滤镜前　　　　　　　　使用滤镜后

图 9-3　使用"风"滤镜

图 9-4　羽毛效果

2．浮雕效果

该滤镜能通过勾画图像的轮廓和降低周围色值来产生灰色的浮凸效果，能增加立体感，其对话框如图 9-5 所示。如图 9-6 所示为制作出的带有立体感的特效文字。

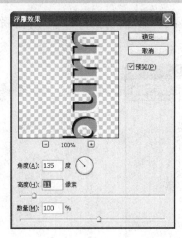

图 9-5　设置浮雕效果　　　　　　　　　　　图 9-6　立体感特效文字

该对话框中的参数说明如下。

● "角度"：调整当前图像浮雕效果的角度。
● "高度"：调整当前图像凸出的厚度。
● "数量"：数值越大，图像本身的纹理会越清楚。

3．照亮边缘

使用该滤镜能使图像产生比较明亮的轮廓线，从而产生一种类似于霓虹灯的亮光效果。
如图 9-7 所示的是使用"照亮边缘"前后的效果。如图 9-8 所示为该设置对话框。

照亮边缘前　　　　　　　　　　　　　　　　　　照亮边缘后

图 9-7　照亮边缘的应用

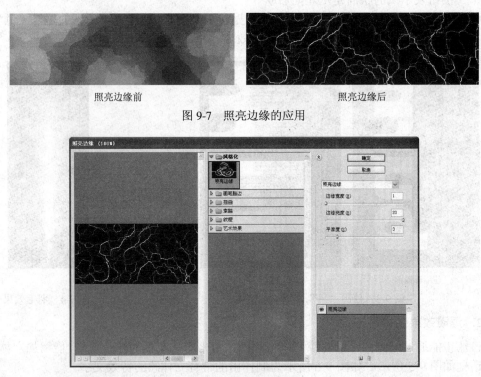

图 9-8　设置照亮边缘

4．查找边缘

该滤镜能搜寻主要颜色变化区域并强化其过渡像素，使图像看起来如用铅笔勾画过轮廓一样。

5．等高线

该滤镜可以在图像的亮处和暗处的边界绘出比较细、颜色比较浅的线条。

执行完该滤镜后，软件会把当前图像以线条的形式出现。

- "色阶"：调整当前图像等高线的色阶。
- "边缘"：选择"较低"单选按钮表示等高线会较低一些；选择"较高"单选按钮表示等高线会较高一些。

6．扩散

该滤镜根据选中的以下选项搅乱选区中的像素以虚化焦点，通过随机移动像素或明暗互换，使图像看起来如透过磨砂玻璃观察的模糊效果。

- "正常"：使像素随机移动（忽略颜色值）。
- "变暗优先"：用较暗的像素替换亮的像素。
- "变亮优先"：用较亮的像素替换暗的像素。
- "各向异性"：在颜色变化最小的方向上搅乱像素。

7．拼贴

该滤镜能根据参数将图像分成许多小方块，使图像看起来像是由许多画在瓷砖上的小图像拼成的一样。

- "拼贴数"：调整当前拼贴的数量。
- "最大位移"：调整当前拼贴之间的间距。
- "填充空白区域用"：选择"背景色"表示以"背景色"补充拼贴之间间距的空白处；选择"前景颜色"表示以"前景色"补充拼贴之间间距的空白处；选择"反选图像"表示在进行拼贴后，图像会自动保留一份在后面进行反选图像；选择"未改变的图像"表示会自动复制一份，把复制的图像进行拼贴。

当"最大位移"选项的参数设置较小时，可以得到网格效果。

8．曝光过度

使用该滤镜将产生图像正片和负片混合的效果，类似摄影中的底片曝光。

9．凸出

该滤镜根据在对话框中设置的不同选项，为选区或图层制作一系列 3D 纹理。它比较适用于制作刺绣或编织工艺所用的一些图案。

- "类型"：选择"块"选项表示凸出的纹理会以块出现，选择"金字塔"选项表示凸出的纹理会以金字塔形出现。
- "大小"：调整凸出类型的大小。
- "深度"：调整凸出类型的深度。选择"随机"选项表示以随机深度来调整图像；选择"基于色阶"选项表示基于色阶来调整图像。
- "立方体正面"：勾选该复选框表示软件会把凸出的正方体作为正面。
- "蒙版不完整块"：勾选该复选框表示软件会把当前图像变为正方体进行凸出。

9.3.2 画笔描边

　　"画笔描边"滤镜主要通过模拟不同的画笔或油墨笔刷来勾绘图像，以产生绘画效果，比较常用的是"强化的边缘"、"喷溅"。

　　1．强化的边缘

　　该滤镜类似于使用彩色笔来勾画图像边界而形成的效果，使图像有一个明显的边界线，执行该命令后弹出如图9-9所示的对话框。

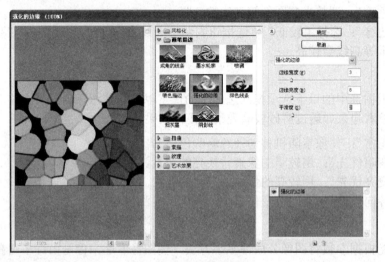

图 9-9　设置"强化的边缘"

　　该对话框中的参数说明如下。

- "边缘宽度"：调整当前图像强化边缘的宽度。
- "边缘亮度"：调整当前图像强化边缘的亮度。
- "平滑度"：调整当前图像强化边缘的平滑度。

　　如图9-10所示的是设置前后的效果对比。

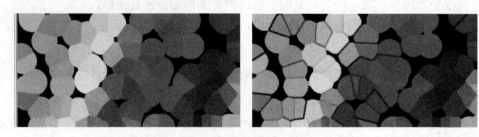

图 9-10　设置前后的效果

　　2．喷溅

　　使用该滤镜可以产生如同在画面上喷洒水后形成的效果，也能产生一种被雨水打湿的视觉效果。

　　它的设置对话框如图9-11所示。

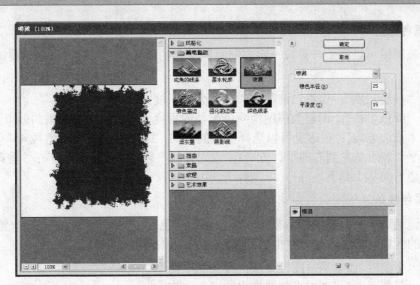

图 9-11 设置喷溅

该对话框中的参数说明如下。

- "喷色半径"：调整当前图像喷溅的程度。
- "平滑度"：调整当前图像喷溅的平滑程度。

如图 9-12 所示的是设置前后的效果对比，用这种方法可以用来制作陈年纸张。

图 9-12 制作陈年纸张

3．成角的线条

使用该滤镜可以产生斜笔画风格的图像，类似于使用画笔按某一角度在画布上用油画颜料进行涂画。

- "方向平衡"：调整成角线条的方向控制。
- "描边长度"：控制线条的长度。
- "锐化程度"：调整锐化程度。数值越大，颜色变得越亮，效果比较生硬；数值越小，成角线条就会越柔和。

4．墨水轮廓

使用该滤镜可以产生使用墨水笔勾画图像轮廓线的效果，使图像具有比较明显的轮廓。

5．喷色描边

使用该滤镜可以产生一种按一定方向喷洒水花的效果，画面看起来有如被雨水冲刷过一样。

- "描边长度"：调整当前图像喷色线条的长度。
- "喷色半径"：调整当前图像喷色半径的程度。数值越大，喷溅的效果越差。
- "描边方向"：在这里可以选择描边的方向，"右对角线"表示斜线45°方向；"水平"表示从左到右的平行方向；"左对角线"表示斜线-45°方向；"垂直"表示描边方向从上到下。

6．深色线条

该滤镜通过用短而密的线条来绘制图像中的深色区域，用长而白的线条来绘制图像中颜色较浅的区域，从而产生一种很强的黑色阴影效果。

- "平衡"：调整当前图像中深色线条的平衡度。
- "黑色强度"：调整当前图像中的黑色强度。
- "白色强度"：调整当前图像中的白色强度。

7．烟灰墨

该滤镜可以通过计算图像中像素值的分布，对图像进行概括性的描述，从而产生用含黑墨水的画笔在纸上进行绘画的效果。它能使带有文字的图像产生更特别的效果。

- "描边宽度"：调整当前图像上描边的宽度。
- "描边压力"：调整当前图像上描边的压力。数值越大，图像越生硬。
- "对比度"：调整当前图像上明暗的对比度。

8．阴影线

该滤镜可以产生具有十字交叉线网格的图像，如同在粗糙的画布上画出十字交叉线时所产生的效果一样，能给人一种随意的感觉。

- "描边长度"：调整阴影线线条的长度。
- "锐化程度"：控制阴影线的锐化程度。数值越大，效果越生硬；数值越小，效果越柔和。
- "强度"：调整阴影线的强度，可以把像素颜色变亮。

9.3.3 模糊

该滤镜主要用于不同程度地减少相邻像素间颜色的差异，使图像产生柔和、模糊的效果。比较常用的是"模糊"、"径向模糊"、"高斯模糊"和"动感模糊"。

1．模糊

使用该滤镜能使图像变得稍模糊一些，它能去除图像中明显的边缘或轻度的柔和边缘。

2．径向模糊

使用该滤镜可以产生具有辐射状的模糊效果。打开"径向模糊"对话框，如图9-13所示。

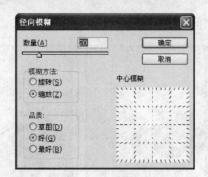

图 9-13　设置"径向模糊"

该对话框中的参数说明如下。

● "数量"：表示模糊的程度。
● "模糊方法"：选择"旋转"单选按钮表示把当前图像以中心旋转的方式进行模糊，能模仿旋涡的质感；选择"缩放"单选按钮表示把当前图像以缩放的方式进行模糊，利用它能制作出一些人物动感的效果。
● "品质"：在这里可以设置模糊效果的好坏。

如图 9-14 所示为模糊前后的效果，用来制作特效背景。

图 9-14　模糊前后的效果

3．高斯模糊

该滤镜可根据半径快速模糊图像，使图像产生朦胧效果。高斯是指对像素进行加权平均时所产生的曲线。

高斯模糊的设置对话框如图 9-15 所示，"半径"值表示模糊的程度。

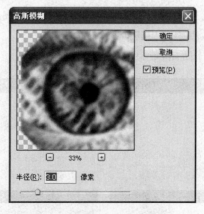

图 9-15　设置"高斯模糊"

如图 9-16 所示的是模糊前后的效果对比。

图 9-16　模糊前后的效果对比

4．动感模糊

该滤镜模仿拍摄运动物体的手法，通过对某一方向上的像素进行线性位移，以产生运动模糊效果。打开"动感模糊"对话框，如图 9-17 所示。

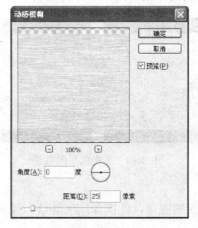

图 9-17　设置"动感模糊"

该对话框中的参数说明如下。

- "角度"：在该文本框中可以设置模糊的方向。
- "距离"：在该文本框中可以设置模糊的值。

如图 9-18 所示的是模糊前后的效果对比。

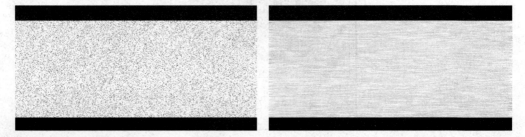

图 9-18　模糊前后的效果对比

5．表面模糊

在保留边缘的同时模糊图像。此滤镜用于创建特殊效果并消除杂色或粒度。"半径"选项指定模糊取样区域的大小。"阈值"选项控制相邻像素色调值与中心像素值相差多大时才能成为模糊的一部分。色调值差小于阈值的像素被排除在模糊之外。

6．方框模糊

基于相邻像素的平均颜色值来模糊图像。此滤镜用于创建特殊效果。可以调整用于计算给定像素的平均值的区域大小；半径越大，产生的模糊效果越好。

7．进一步模糊

与"模糊"滤镜一样，只是增加了一些模糊的强度。

8．平均

使用该滤镜可以为图像填充一种平均颜色值，如处理的是多图层图像，那么将取当前所选图层中图像的颜色平均值，然后将取得的颜色填充到该图层中。

9．特殊模糊

该滤镜能找出图像的边缘并对边界线以内的区域进行模糊处理。它的好处是在模糊图像的同时仍能使图像具有清晰的边界，有助于去除图像中的颗粒和杂色。

"特殊模糊"对话框中各参数项的含义如下。

- "半径"：设置模糊的半径值。
- "阈值"：调整当前图像的模糊程度。
- "品质"：设置模糊质量的高低。
- "模式"：选择"边缘优先"选项表示将当前图像的背影自动变为黑色，物体的边缘处理为白色；选择"叠加边缘"选项表示把当前图像中一些纹理的边缘处理为白色。

10．形状模糊

使用指定的内核来创建模糊。从自定形状预设列表中选取一种内核，并使用"半径"滑块来调整其大小。通过单击三角形按钮并从列表中进行选取，可以载入不同的形状库。半径决定了内核的大小；内核越大，模糊效果越好。

9.3.4　扭曲

利用"扭曲"滤镜可以对图像进行几何变形、创建三维或其他变形效果。这些滤镜在运行时一般会占用较多的内存空间。该类滤镜都比较常用，主要有"波浪"、"玻璃"、"旋转扭曲"、"置换"、"切变"、"极坐标"、"球面化"等。

1．波浪

利用该滤镜可以根据波长、波幅的设置，产生波动的效果。打开"波浪"对话框，如图 9-19 所示。

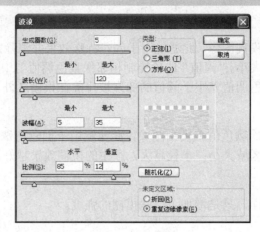

图 9-19 设置"波浪"

该对话框中的参数说明如下。

- "生成器数"：数值越大，图像中会出现越多的重影。
- "波长"：在"最大"文本框中可设置在图像中产生最大波浪的波长；在"最小"文本框中可设置在图像中产生最小波浪的波长。
- "波幅"：可设置在图像中产生的最小和最大波幅。
- "比例"：在"水平"文本框中可设置水平方向上的变形程度；在"垂直"文本框中可设置垂直方向上的变形程度。
- "类型"：在这里可以设置波浪的类型，选择"正弦"单选按钮表示波形将以正弦类型形成；选择"三角形"单选按钮表示波形将以三角形类型形成；选择"方形"单选按钮表示波形以方形类型形成。
- "随机化"：单击"随机化"按钮，图像就会随机地变形。
- "未定义区域"：选择"折回"单选按钮表示将图像分为多部分进行显示；选择"重复边缘像素"单选按钮表示在原先图像基础上往上复制。

如图 9-20 所示的是设置波浪前后的效果对比。

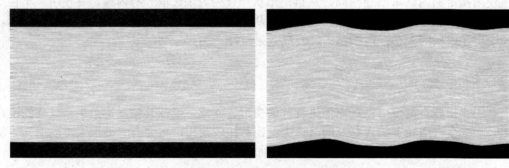

图 9-20 设置波浪前后的效果

2. 玻璃

该滤镜能模拟出透过玻璃观看图像时的效果，能根据选择的玻璃纹理来生成不同的变形效果。打开"玻璃"对话框，如图 9-21 所示。

图 9-21 "玻璃"对话框

该对话框中的参数说明如下。

- "扭曲度"：调整当前图像的扭曲程度。
- "平滑度"：调整当前图像中玻璃效果的平滑程度。
- "纹理"：在右边的下拉列表中可以选择纹理的类型。
- "缩放"：调整当前图像各种效果的缩放值。
- "反相"：勾选该复选框，可以改变纹理和玻璃效果为反相状态。

如图 9-22 所示的是设置玻璃前后的效果对比。

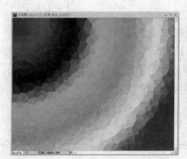

图 9-22 设置玻璃前后的效果对比

3．旋转扭曲

该滤镜可使图像产生类似于风轮旋转的效果，也可以产生将图像置于一个大旋涡中心的螺旋扭曲效果。打开"旋转扭曲"对话框，如图 9-23 所示。

图 9-23 "旋转扭曲"对话框

233

拖动"角度"上的滑块可以设置旋转扭曲需要的角度值。

如图 9-24 所示的是旋转扭曲前后的效果对比。

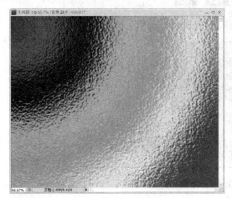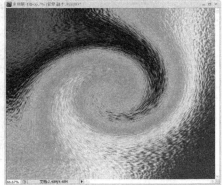

图 9-24　旋转扭曲前后的效果对比

4. 置换

该滤镜是一个比较复杂的滤镜。它可以使图像产生位移，位移效果不仅取决于设定的参数，而且还取决于位移图的选取。它会读取位移图中像素的色度数值来决定位移量，以处理当前图像中的各个像素。打开"置换"对话框，如图 9-25 所示。

该对话框中的参数说明如下。

图 9-25　"置换"对话框

● "水平比例"：调整置换滤镜水平的比例。

● "垂直比例"：调整置换滤镜垂直的比例。

● "置换图"：选择"伸展以适合"单选按钮表示把当前图像伸展到适合的位置；选择"拼贴"单选按钮表示拼贴当前图像。

专家点拨：

置换图必须是一幅 PSD 格式的图像。

● "未定义区域"：选择"折回"单选按钮表示把当前图像分为碎块；选择"重复边缘像素"单选按钮表示重复边缘的像素。

如图 9-26 所示的是使用"旋转扭曲"中的图像作为置换图，得到的文字特效的前后对比。

图 9-26　置换的文字效果

5. 切变

该滤镜能根据在对话框中设置的垂直曲线来使图像发生扭曲变形，以产生比较复杂的扭曲效果。打开"切变"对话框，如图 9-27 所示。

该对话框中的参数说明如下。

- 网格状图："切变"对话框的左上角有一幅网格状图，在这里我们可以进行加点和减点调整，在图中的线上单击可以加点；把点拖动到图外可以减点。可以用鼠标拖动点进行扭曲的调整。
- "折回"：选择该单选按钮后，在调整网格图中的线形时，超出图像的部分会进行补充。
- "重复边缘像素"：选择该单选按钮后，在调整网格图中的线形时，超出的图像不会进行补充。

如图 9-28 所示的是切变前后的效果对比。

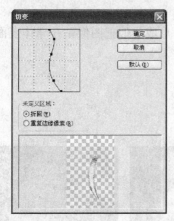

图 9-27　"切变"对话框

图 9-28　切变前后的效果对比

6. 极坐标

该滤镜的工作原理是重新绘制图像中的像素，使它们从平面坐标系转换到极坐标系，或者从极坐标系转换到平面坐标系。打开"极坐标"对话框，如图 9-29 所示。

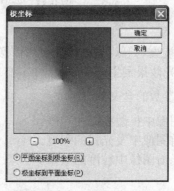

图 9-29　"极坐标"对话框

该对话框中的参数说明如下。

- "平面坐标到极坐标"：选择该单选按钮，可以以图像的中间为中心点进行极坐标旋转。
- "极坐标到平面坐标"：选择该单选按钮，可以以图像的底部为中心点进行旋转。

如图 9-30 所示的是通过"极坐标"处理后得到的效果；用"椭圆选框工具"在中间绘制出一个圆选区，然后删除，可以得到一个色环效果，如图 9-31 所示。

图 9-30　极坐标处理前后效果对比　　　　　　图 9-31　极坐标处理后的效果

7．球面化

利用该滤镜能使图像中的区域膨胀，实现球面化，形成类似把图像贴在球体表面上的效果。打开"球面化"对话框，如图 9-32 所示。

如图 9-33 所示的是球面化前后的效果对比。

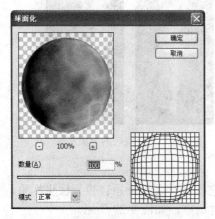

图 9-32　"球面化"对话框　　　　　　图 9-33　设置球面化的前后效果对比

8．扩散亮光

该滤镜可以产生一种图像被火炉等灼热物体所烘烤而形成的效果。原图像中比较明亮的区域将被背景色所感染，亮光效果发生改变。

"扩散亮光"对话框中各参数的含义如下。

- "粒度"：调整当前图像中扩散亮光的粒度。
- "发光量"：调整当前图像中发光量的程度。
- "清除数量"：调整当前图像中粒度的数量。

9．挤压

该滤镜能模拟膨胀或挤压的效果，能缩小或放大图像中的选择区域，使图像产生向内挤压或向外拉伸的效果。例如，可将它用于照片图像的校正，来减小或增大人物中的某一部分，如鼻子、嘴唇等。

10．水波

使用该滤镜能使图像产生一种波纹效果，如在水池中丢入一块石子所形成的涟漪一样，适用于制作同心圆类的波纹。

"水波"对话框中各参数的含义如下。

- "数量"：调整当前图像水波纹的数量。
- "起伏"：调整当前图像水波纹的起伏程度。
- "样式"：　在该菜单中共有 3 项，"围绕中心"表示将图像围绕中心进行水波纹效果处理；"从中心向外"表示从中心向外进行水波纹效果处理；"水池波纹"表示仿制出水池波纹的效果。

11．波纹

该滤镜与波浪的效果类似，同样可以产生水波荡漾的涟漪效果。

12．海洋波纹

利用该滤镜可以为图像表面增加随机间隔的波纹，使图像看起来好像是在水面下一样。

13．镜头校正

使用该滤镜可以修复常见的镜头瑕疵，如桶形和枕形失真、晕影和色差。

9.3.5　锐化

该滤镜主要用来通过增强相邻像素间的对比度，使图像具有明显的轮廓，并变得更加清晰。这类滤镜的效果与"模糊"滤镜的效果正好相反。

1．USM 锐化

该滤镜是通过锐化图像的轮廓，使图像的不同颜色之间生成明显的分界线，从而达到图像清晰化的目的。与其他锐化滤镜不同的是，该滤镜允许我们设定锐化的程度，如图 9-34 所示。

图 9-34　"USM 锐化"对话框

该对话框中的参数说明如下。

- "数量"：数值越大，图像中的像素颜色会变得越亮。
- "半径"：数值越大，图像中深色部位的像素会变得越深。
- "阈值"：数值越大，图像的像素会变得越浅。

2．智能锐化

该滤镜具有"USM 锐化"滤镜所没有的锐化控制功能。你可以设置锐化算法，或控制在阴影和高光区域中进行的锐化量，如图 9-35 所示。

图 9-35 "智能锐化"对话框

该对话框中的参数说明如下。

- "数量"：设置锐化量。较大的值将会增强边缘像素之间的对比度，从而看起来更加锐利。
- "半径"：决定边缘像素周围受锐化影响的像素数量。半径值越大，受影响的边缘就越宽，锐化的效果也就越明显。
- "移去"：设置用于对图像进行锐化的算法。"高斯模糊"是"USM 锐化"滤镜使用的方法。"镜头模糊"将检测图像中的边缘和细节，可对细节进行更精细的锐化，并减少了锐化光晕。"动感模糊"将尝试减少由于相机或主体移动而导致的模糊效果。如果选择了"动感模糊"选项，请设置"角度"控件。
- "角度"：为"移去"控件的"动感模糊"选项设置运动方向。
- "更加准确"：用更慢的速度处理文件，以便更精确地移去模糊。

3. 其他锐化

"进一步锐化"：通过增强图像相邻像素的对比度来达到清晰图像的目的，强度比"锐化"大一些。

"锐化"：通过增强图像相邻像素的对比度来达到清晰图像的目的。

"锐化边缘"：该滤镜同"USM 锐化"滤镜类似，但它没有参数控制，它只对图像中具有明显反差的边缘进行锐化处理，如果反差较小，则不会锐化处理。

9.3.6 视频

"视频"子菜单包含"逐行"滤镜和"NTSC 颜色"滤镜。

1. 逐行

通过移去视频图像中的奇数或偶数隔行线，使在视频上捕捉的运动图像变得平滑。可以选择"复制"或"插值"单选按钮来替换移去的线条，如图 9-36 所示。

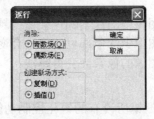

图 9-36 "逐行"对话框

2．NTSC 颜色

将色域限制在电视机重现可接受的范围内，以防止过饱和颜色渗到电视扫描行中。

9.3.7　素描

"素描"滤镜用来在图像中添加纹理，使图像产生模拟素描、速写及三维的艺术效果。需要注意的是，许多素描滤镜在重绘图像时使用前景色和背景色。

1．半调图案

该滤镜使用"前景色"和"背景色"在当前图像中产生半色调图案的效果。

打开"半调图案"对话框，如图 9-37 所示。

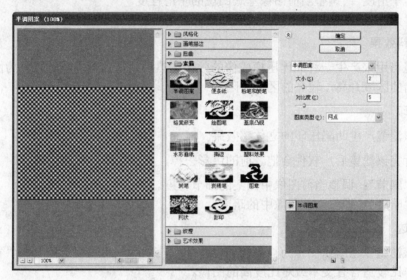

9-37　"半调图案"对话框

执行该滤镜后，图像以前的色彩将被去掉，以灰色为主。

该对话框中的参数说明如下。

- "大小"：调整当前图像纹理的大小。
- "对比度"：调整图像及纹理色彩的对比度。
- "图案类型"："圆形"表示由一圈一圈的圆圈组成纹理；"网点"表示由网点组成纹理；"直线"表示由一条一条的直线组成纹理。

2．便条纸

该滤镜能够产生如手工制纸构成的图像。图像中较暗部分用"前景色"处理，较亮部分用"背景色"处理。

- "图像平衡"：调整当前图像中的图像平衡程度。
- "粒度"：调整当前图像中的便纸条粒度。
- "凸现"：调整当前图像中粒度的凸出程度。

3．图章

该滤镜使图像简化、突出主体，看起来像是用橡皮或木制图章盖上去的效果。一般用于黑白图像。

- "明/暗平衡"：调整当前图像明、暗平衡的程度。
- "平滑度"：调整当前图像的平滑程度。

4．基底凸现

使用该滤镜可产生一种类似浮雕的效果，并用光线照射，强调表面变化的效果。在图像较暗区域使用"前景色"，在较亮的区域使用"背景色"。

- "细节"：调整当前图像基底凸现的程度。
- "平滑度"：调整当前图像基底凸现的平滑程度。
- "光照"：在这里可以选择光照的方向。

5．塑料效果

该滤镜可用来产生一种立体压模成像的效果，然后使用前景色和背景色为图像上色。图像中较暗的区域升高，较亮的区域下陷。

6．影印

使用该滤镜产生凹陷压印的立体感效果。

当执行完该滤镜后，软件会把之前的色彩去掉，当前图像只存在棕色。

- "细节"：调整当前图像中图案的细节程度。
- "暗度"：调整当前图像中的暗度。

7．撕边

使用该滤镜重新组织图像为被撕碎的纸片效果，然后使用"前景色"和"背景色"为图像上色。比较适合有文本或对比度高的图像。

- "图像平衡"：调整当前图像的图像平衡程度。
- "平滑度"：调整当前图像撕边的平滑程度。
- "对比度"：调整当前图像色彩的对比度。

8．水彩画纸

使用该滤镜能使图像好像绘制在潮湿的纤维上，颜色溢出，产生渗透的效果。

- "纤维长度"：调整水彩画纸纤维的长度。
- "亮度"：调整当前图像水彩画纸的亮度。
- "对比度"：调整当前图像色彩的对比度。

9．炭笔

使用该滤镜能产生炭精画的效果。图像中主要的边缘用粗线绘画，中间色调用对角细线条素描。其中炭笔为"前景色"，纸张为"背景色"。

执行完该滤镜后，图像的颜色只存在黑、灰、白 3 种颜色。

- "炭笔粗细"：调整炭笔的粗细。
- "细节"：调整当前图像炭笔的细节。
- "明/暗平衡"：调整当前图像炭笔明暗的平衡程度。

10．炭精笔

使用该滤镜能模仿出炭笔精细涂抹的效果。

- "前景色阶"：调整当前图像前景色阶。数值越大，图像及纹理会越深。
- "背景色阶"：调整当前图像背景色阶。数值越大，图像及纹理会越深。
- "纹理"："砖形"表示线条可以模仿砖的纹理；"粗麻布"表示线条可以模仿粗麻布的纹理；"画布"表示模仿画布的质感；"砂岩"表示线条可以模仿砂岩的质感。
- "缩放"：缩放线条及纹理的大小。
- "凸现"：对当前设置的纹理进行凸出。
- "光照"：选择光照的方向。
- "反相"：把纹理和线条反相。

11．粉笔和炭笔

使用该滤镜产生一种粉笔和炭精涂抹的草图效果。

- "炭笔区"：调整炭笔区域的程度。
- "粉笔区"：调整粉笔区域的程度。
- "描边压力"：调整粉笔和炭笔描边的压力。

12．绘图笔

该滤镜使用精细的直线油墨线条来捕捉原图像中的细节，产生一种素描的效果。对油墨线条使用"前景色"，对纸张使用"背景色"来替换原图像中的颜色。

执行完该滤镜后，当前图案只存在黑和白两色。

- "线条长度"：调整当前绘图笔画线的长度。
- "明/暗平衡"：调整当前图像的明、暗平衡度。
- "描边方向"：可以选择描边的方向有右对角线、水平、左对角线、垂直。

13．网状

该滤镜模仿胶片感光乳剂的受控收缩和扭曲的效果，图像的暗色调区域被结块，高光区域被轻微颗粒化。

- "浓度"：调整当前图像网状颗粒的多少。数值越大，图像越亮；数值越低，图像越暗。
- "前景色阶"：调整当前图像网状的色阶。
- "背景色阶"：调整当前图像边缘网状的色阶。

14．铬黄

使用该滤镜能产生光滑的铬质效果，看起来有些抽象。

执行该滤镜后，图像的颜色将只存在黑和灰两种，但表面会根据图像添加铬黄纹理，有些像波浪。

- "细节"：调整当前图像铬黄细节程度。
- "平滑度"：调整当前图像铬黄的平滑程度。

打开"铬黄"对话框，如图 9-38 所示。

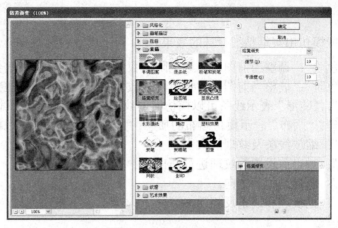

图 9-38　"铬黄"对话框

如图 9-39 所示的是使用"铬黄"处理前后的效果对比。

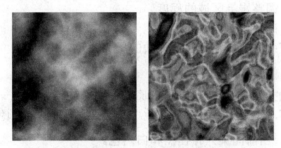

图 9-39　使用"铬黄"处理前后的效果对比

9.3.8　纹理

该滤镜主要用于生成具有纹理效果的图案，使图像具有质感。常用的有"染色玻璃"、"颗粒"、"纹理化"等。

1．颗粒

使用该滤镜可以为图像增加一些杂色点，使图像表面产生颗粒效果。打开"颗粒"对话框，如图 9-40 所示。

图 9-40　"颗粒"对话框

该对话框中的参数说明如下。

- "强度"：调整当前文件图像颗粒的强度。
- "对比度"：调整当前文件图像对比度。
- "颗粒类型"："常规"表示软件默认的颗粒状态；"柔和"表示颗粒效果会比较柔和；"喷洒"表示喷洒颗粒，用来模拟喷洒的效果；"结块"表示颗粒成块状；"强反差"表示把当前图像对比度变强；"扩大"表示把颗粒效果扩大化；"点刻"表示图像变成黑白色，平面为点状颗粒；"水平"表示颗粒会向两侧拉伸，成线形；"垂直"表示颗粒会上下拉伸，成线形；"斑点"表示会在局部像素添加斑点。

如图 9-41 所示的是在黑色背景下制作的纹理效果。

图 9-41　颗粒纹理效果

2．染色玻璃

使用该滤镜可以将图像分割成不规则的多边形色块，然后用"前景色"勾画其轮廓，产生一种视觉上的彩色玻璃效果。打开"染色玻璃"对话框，如图 9-42 所示。

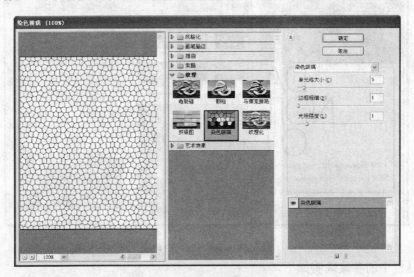

图 9-42　"染色玻璃"对话框

该对话框中的参数说明如下。

● "单元格大小"：调整染色玻璃单元格的大小。

● "边框粗细"：调整染色玻璃间距边框的粗细。

● "光照强度"：调整图像光照的强度。

如图 9-43 所示为一种染色玻璃的纹理效果。

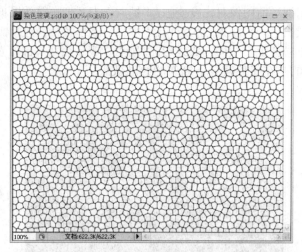

图 9-43　染色玻璃的纹理效果

3. 纹理化

使用该滤镜可以为图像添加不同的纹理效果，使图像看起来富有质感。它尤其擅长处理含有文字的图像，使文字呈现比较丰富的特殊效果。打开"纹理化"对话框，如图 9-44 所示。

图 9-44　"纹理化"对话框

该对话框中的参数说明如下。

- "纹理"："砖形"表示线条可以模仿砖的纹理；"粗麻布"表示线条可以模仿粗麻布的纹理；"画布"表示线条可以模仿画布的质感；"砂岩"表示线条可以模仿砂岩的质感。
- "缩放"：缩放线条及纹理的大小。
- "凸现"：把当前设置的纹理效果进行凸出。
- "光照"：选择光照的方向。
- "反相"：把纹理及线条反方向化。

4. 拼缀图

该滤镜在"马赛克拼贴"滤镜的基础上增加了一些立体感，使图像产生一种类似于建筑物上使用瓷砖拼成图像的效果。

- "平方大小"：调整拼缀图每个小平方的大小。
- "凸出"：调整每个平方凸出的厚度。

5. 马赛克拼贴

该滤镜用于产生类似马赛克拼成的图像效果，它制作出的是位置均匀分布但形状不规则的马赛克，因此严格来讲它还不算是标准的马赛克。

- "拼贴大小"：改变当前马塞克拼贴的大小。
- "缝隙宽度"：调整当前马塞克拼贴之间缝隙的宽度。
- "加亮缝隙"：把马塞克拼贴之间的缝隙加亮。

6. 龟裂缝

该滤镜可以产生将图像弄皱后所具有的凹凸不平的皱纹效果，与龟甲上的纹路十分相似。它也可以在空白画面上直接产生具有皱纹效果的纹理。

- "裂缝间距"：调整当前图像裂缝的间距。
- "裂缝深度"：调整当前图像裂缝的深度。
- "裂缝亮度"：调整当前图像裂缝的亮度。

9.3.9　像素化

"像素化"滤镜主要用于不同程度地将图像进行分块处理，使图像分解成肉眼看得见的像素颗粒，如方形、不规则多边形和点状等，在视觉上表现为图像被转换成由不同色块组成的图像。常用的像素化滤镜有"点状化"、"晶格化"、"彩色半调"等。

1. 点状化

该滤镜可将图像分解为随机的彩色小点，点内使用平均颜色填充，点与点之间使用背景色填充，从而生成一种点画派作品效果。打开"点状化"对话框，如图 9-45 所示。

制作一个画面，并填充上"色谱"的线性渐变，如图 9-46 所示。然后对其进行"点状化"处理，效果如图 9-47 所示。

2. 晶格化

该滤镜可以将图像中颜色相近的像素集中到一个多边形网格中，从而把图像分割成许多个多边形的小色块，产生晶格化的效果。打开"晶格化"对话框，如图 9-48 所示。

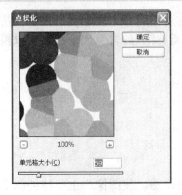

图 9-45 "点状化"对话框

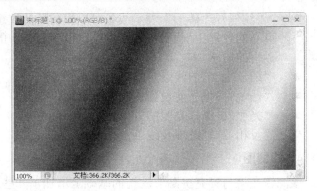

图 9-46 填充上"色谱"的线性渐变

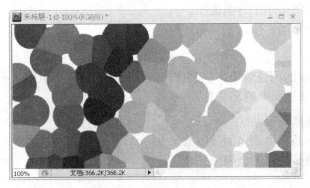

图 9-47 点状化的效果

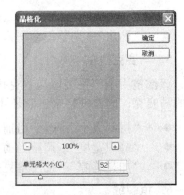

图 9-48 "晶格化"对话框

拖动"单元格大小"上的滑块可设置晶格化的程度。数值越大单元格越大；数值越小单元格越小。

如图 9-49 所示的是设置晶格化前后的效果对比。

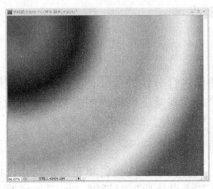

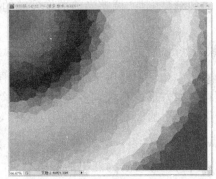

图 9-49 晶格化前后的效果对比

3．彩色半调

使用该滤镜可以将图像中的每种颜色分离，将一幅连续色调的图像转变为半色调的图像，使图像看起来类似彩色报纸印刷效果或铜版化效果。打开"彩色半调"对话框，如图 9-50 所示。

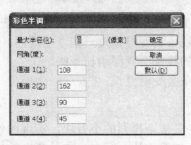

图 9-50 "彩色半调"对话框

该对话框中的参数说明如下。

● "最大半径"：调整彩色半调的大小。
● "通道 1"：以通道 1 的颜色填充当前文件图像。
● "通道 2"：以通道 2 的颜色填充当前文件图像。
● "通道 3"：以通道 3 的颜色填充当前文件图像。
● "通道 4"：以通道 4 的颜色填充当前文件图像。

如图 9-51 所示的是一幅黑白线性渐变的画面，对其执行"彩色半调"后的效果如图 9-52 所示。

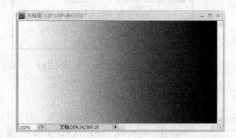

图 9-51 黑白渐变的画面

图 9-52 执行"彩色半调"后的效果

4．彩块化

该滤镜通过将纯色或相似颜色的像素结合为彩色像素块而使图像产生类似宝石颗粒的效果。对图像执行"彩块化"滤镜后，会把图像从规律的像素块变成无规律的彩块化。

5．碎片

该滤镜通过建立原始图像的 4 个副本，并将它们移位、平均，以生成一种不聚焦的效果，从视觉上能表现出一种经受过振动但未完全破裂的效果。

6．铜版雕刻

该滤镜能够使用指定的点、线条和笔画重画图像，产生版刻画的效果，也能模拟出金属版画的效果。打开"铜版雕刻"对话框，如图 9-53 所示。

"类型"下拉列表框中各选项的含义如下。

● "精细点"：由小方块构成，方块的颜色由图像颜色而定，具有随机性。
● "中等点"：由小方块构成，但是没有那么精细。
● "粒状点"：由小方块构成，由颜色的不同而产生不同的粒状点。
● "粗网点"：图像表面会变得很粗糙。
● "短线"：纹理由水平的线条构成。
● "中长直线"：纹理由水平的线条构成，但是线条稍长一些。

- "长线"：纹理由水平的线条构成，线条会更长一些。
- "短描边"：水平的线条会变得稍短一些，不规则。
- "中长描边"：水平的线条会变得稍长一些。
- "长边"：水平的线条会变得更长一些。

7．马赛克

该滤镜可将图像分解成许多规则排列的小方块，实现图像的网格化，每个网格中的像素均使用本网格内的平均颜色填充，从而产生一种马赛克效果。打开"马赛克"对话框，如图 9-54 所示。

图 9-53　"铜版雕刻"对话框　　　　　　　图 9-54　"马赛克"对话框

9.3.10　渲染

"渲染"滤镜主要用于不同程度地使图像产生三维造型效果或光线照射效果，或给图像添加特殊的光线，比如云彩、镜头折光等效果。比较常用的渲染滤镜有"云彩"、"分层云彩"和"光照效果"。

1．云彩

该滤镜不使用当前图像现有像素进行计算，而是使用工具箱中的"前景色"和"背景色"进行计算，使用它可以制作出天空、云彩、烟雾等效果，如图 9-55 所示。

2．分层云彩

该滤镜可以使用"前景色"和"背景色"对图像中的原有像素进行差异运算，产生的图像与云彩背景混合。执行该滤镜后，将先生成云彩背景，然后用图像像素值减去云彩像素值，最终产生云彩的效果，如图 9-56 所示。

图 9-55　云彩效果　　　　　　　　　　图 9-56　分层云彩效果

3．光照效果

该滤镜包括多种不同的光照风格、光照类型和光照属性，可以在 RGB 图像上制作出各种各样的光照效果，也可以加入新的纹理及浮雕效果等，使平面图像产生三维立体的效果。打开"光照效果"对话框，如图 9-57 所示。

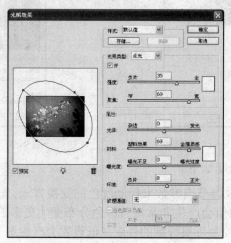

图 9-57 "光照效果"对话框

该对话框中的各参数的含义如下。

- "样式"：存储的光照效果样式。
- "存储"：设置好效果，单击该按钮可以将它存储到光照效果的样式中。
- "删除"：删除存储的样式。
- "光照类型"：其中有 3 项光照类型，分别为"平行光"、"全光源"和"点光"。
- "强度"：调整光照效果光的强度。
- "聚焦"：调整光照效果光的范围。
- "光泽"：调整光泽度。
- "材料"：调整塑料效果及金属质感。
- "曝光度"：调整曝光度。数值越大，曝光度就越大。
- "环境"：调整当前图像光的范围。
- "纹理通道"：选择需要调整的通道，也可利用新建的 Alpha 通道来选取。

4．镜头光晕

该滤镜能够模仿摄影镜头朝向太阳时，明亮的光线射入照相机镜头后所拍摄到的效果。打开"镜头光晕"对话框，如图 9-58 所示。

该对话框中的各参数的含义如下。

- "亮度"：调整当前文件图像光的亮度。数值越大光照射的范围越大。
- "镜头类型"：选择"50-300 毫米变焦"单选按钮表示照射出来的光是计算机的默认值；选择"35 毫米聚焦"单选按钮表示照射出来的光感稍强；选择"105 毫米聚焦"单选按钮表示照射出来的光感会更强；选择"电影镜头"单选按钮表示将采用电影镜头的方式。

5．纤维

使用"前景色"和"背景色"创建编织纤维的外观。打开"纤维"对话框，如图 9-59 所示。

图 9-58 "镜头光晕"对话框

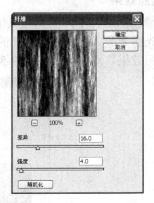

图 9-59 "纤维"对话框

该对话框中的参数说明如下。

● "差异"：可通过调节该参数来控制颜色的变换方式。较小的值会产生较长的颜色条纹，而较大的值会产生非常短且颜色分布变化更多的纤维。

● "强度"：用来控制每根纤维的外观。低设置会产生展开的纤维，而高设置会产生短的绳状纤维。单击"随机化"按钮可更改图案的外观；可多次单击该按钮，直到看到喜欢的图案。当应用"纤维"滤镜时，现用图层上的图像数据会替换为纤维。

9.3.11 艺术效果

"艺术效果"滤镜就如一位熟悉各种绘画风格和绘画技巧的艺术大师，可以使一幅平淡的图像变成大师的力作，且绘画形式不拘一格。它能产生油画、水彩画、铅笔画、粉笔画、水粉画等各种不同的艺术效果。

1. 塑料包装

使用该滤镜可以产生塑料薄膜封包的效果，使"塑料薄膜"沿着图像的轮廓线分布，从而令整幅图像具有鲜明的立体质感。打开"塑料包装"对话框，如图 9-60 所示。

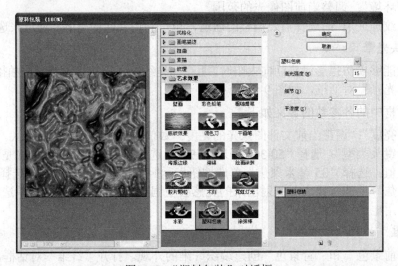

图 9-60 "塑料包装"对话框

该对话框中的参数说明如下。

● "高光强度"：调整图像高光的强度。
● "细节"：调整图像细节部分。
● "平滑度"：调整塑料包装效果的平滑度。

如图 9-61 所示的是执行"塑料包装"前后的效果对比。

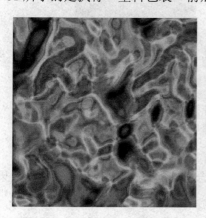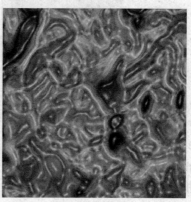

图 9-61　执行"塑料包装"前后的效果对比

2．涂抹棒

该滤镜可以产生使用粗糙物体在图像进行涂抹的效果，它能够模拟在纸上涂抹粉笔画或蜡笔画的效果。打开"涂抹棒"对话框，如图 9-62 所示。

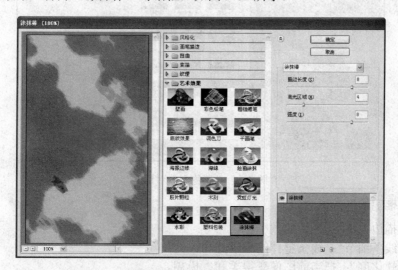

图 9-62　"涂抹棒"对话框

该对话框中的参数说明如下。

● "描边长度"：调整当前图像线长的长度。
● "高光区域"：调整当前图像高光的程度。
● "强度"：调整当前图像纹理的强度。

如图 9-63 所示为使用"涂抹棒"处理前后的效果对比。

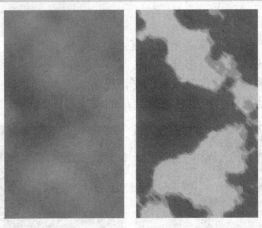

图 9-63　使用"涂抹棒"处理前后的效果对比

3．调色刀

该滤镜可以使图像中相近的颜色相互融合，减少了细节，以产生写意的效果。打开"调色刀"对话框，如图 9-64 所示。

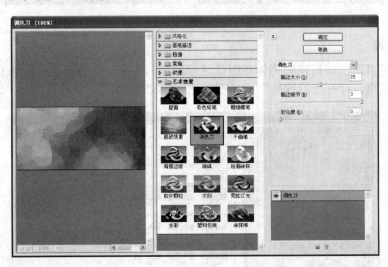

图 9-64　"调色刀"对话框

该对话框中的参数说明如下。

● "描边大小"：描边的大小。
● "线条细节"：线条整体的细节处理。
● "软化度"：把当前图像变得柔和、模糊。

如图 9-65 所示为使用"调色刀"处理前后的效果对比。

图 9-65　使用"调色刀"处理前后的效果对比

4．绘画涂抹

该滤镜可以理解为一种在比较拙劣的绘画技法下所画的图。它能产生类似于在未干的画布上进行涂抹而形成的模糊效果。

- "画笔大小"：调整画笔的大小。
- "锐化程度"：调整当前图像锐化的程度。
- "画笔类型"："简单"表示软件默认的、比较简单的画笔；"未处理光照"表示光照效果比较强；"未处理深色"表示图像所有颜色成为深色；"宽锐化"表示锐化程度要比"简单"效果强；"宽模糊"表示对图像进行模糊处理；"火花"表示模仿出一种火花的质感。

5．壁画

该滤镜能强烈地改变图像的对比度，使暗调区域的图像轮廓更清晰，最终形成一种类似古壁画的效果。

- "画笔大小"：调整画笔的大小。
- "画笔细节"：调整画笔细节的效果。
- "纹理"：调整图像的纹理。数值越大，壁画的效果体现得越大。

6．干画笔

该滤镜能模仿使用颜料快用完的毛笔进行作画，笔迹的边缘断断续续、若有若无，产生一种干枯的油画效果。

7．底纹效果

使用该滤镜能够产生具有纹理的图像，图像看起来似乎是从背面画出来的。

- "画笔大小"：调整画笔的大小。
- "纹理覆盖"：纹理覆盖的程度。
- "纹理"："砖形"表示线条可以模仿砖的纹理；"粗麻布"表示线条可以模仿粗麻布的纹理；"画布"表示线条可以模仿画布的质感；"砂岩"表示线条可以模仿砂岩的质感。
- "缩放"：缩放线条及纹理的大小。
- "凸现"：把当前设置的纹理效果进行凸出。
- "光照"：选择光照的方向。
- "反相"：把纹理及线条反相。

8．彩色铅笔

该滤镜模拟使用彩色铅笔在纯色背景上绘制图像。主要的边缘被保留并带有粗糙的阴影线外观，纯背景色通过较光滑区域显示出来。

- "铅笔的宽度"：调整铅笔的宽度。
- "描边压力"：调整当前图像中描边的压力。
- "纸张亮度"：调整纸张的亮度。

9．木刻

该滤镜使图像好像由粗糙剪切的彩纸组成，高对比度图像看起来像黑色剪影，而彩色图像看起来像由几层彩纸构成。

- "色阶数"：调整当前图像的色阶。
- "边缘简化度"：调整当前图像色阶的边缘简化度。
- "边缘逼真度"：调整当前图像色阶边缘的逼真度。

10．水彩

使用该滤镜可以描绘出图像中景物形状，同时简化颜色，进而产生水彩画的效果。它的缺点是会使图像中的深颜色变得更深，效果比较沉闷，而真正的水彩画特征通常是浅颜色。

- "画笔细节"：调整当前图像画笔的细节。
- "暗调强度"：调整当前图像画笔的暗度和亮度。
- "纹理"：调整当前图像水彩效果的程度。

11．海报边缘

该滤镜的作用是增加图像对比度并沿边缘的细微层次加上黑色，能够产生具有招贴画边缘效果的图像，也有点像木刻画的效果。

- "边缘厚度"：调整当前图像海报边缘的厚度。
- "边缘强度"：调整当前图像海报边缘的高光强度。
- "海报化"：给海报边缘做一些柔和度。数值越大，边缘越柔和。

12．海绵

该滤镜将模拟在纸张上用海绵轻轻扑颜料的画法，产生图像浸湿后被颜料洇开的效果。

- "画笔大小"：调整当前画笔的大小。
- "清晰度"：调整当前海绵的质感。数值越大，效果越清晰。
- "平滑度"：调整当前图像海绵效果的平滑程度。

13．粗糙蜡笔

使用该滤镜可以产生具有在粗糙物体表面上绘制图像的效果。它既带有内置的纹理，又允许调用其他文件作为纹理使用。

- "描边长度"：调整线条的长度。
- "描细节"：调整线条的细节。
- "纹理"："砖形"表示线条可以模仿砖的纹理；"粗麻布"表示线条可以模仿粗麻布的纹理；"画布"表示线条可以模仿画布的质感；"砂岩"表示线条可以模仿砂岩的质感。
- "缩放"：缩放线条及纹理的大小。
- "凸现"：把当前设置的纹理效果进行凸出。
- "光照"：选择光照的方向。
- "反相"：把纹理及线条反相。

14．胶片颗粒

使用该滤镜能够在给原图像加上一些杂色的同时，调亮并强调图像的局部像素。它可以产生一种类似胶片颗粒的纹理效果，使图像看起来如同早期的摄影作品。

- "颗粒"：调整图像的颗粒。数值越大，颗粒效果越清晰。
- "高光区域"：调整当前图像的高光区域。
- "强度"：调整当前图像颗粒的强度。数值越小，效果越清晰。

15．霓虹灯光

使用该滤镜能够产生负片图像或与此类似的颜色奇特的图像，看起来有一种氖光照射的效果。

- "发光大小"：调整当前图像光亮的大小。
- "发光亮度"：调整当前图像发光的亮度。
- "发光颜色"：调整当前图像发光的颜色。单击右边的"颜色框"，会弹出"拾色器"对话框。

9.3.12　杂色

利用"杂色"滤镜可以为图像添加一些随机产生的干扰颗粒，也就是杂色点，也可以淡化图像中某些干扰颗粒的影响。比较常用的是"添加杂色"滤镜。

1．添加杂色

该滤镜能为图像增加一些细小的像素颗粒，颗粒在混合到图像中的同时产生色散效果。打开"添加杂色"对话框，如图 9-66 所示。

图 9-66　"添加杂色"对话框

该对话框中的参数说明如下。

- "数量"：为图像添加杂色的数量。
- "分布"：选择"平均分布"单选按钮表示将杂色平均分布到图像的每一部分；选择"高斯分布"单选按钮表示将杂色以高斯计算的方式分布到图像的每一部分。
- "单色"：勾选该复选框后，杂色只存在两种颜色："黑色"和"白色"。

如图 9-67 所示为使用"添加杂色"处理前后的效果对比。

图 9-67　使用"添加杂色"处理前后的效果对比

2．中间值

该滤镜是一种用于去除杂色点的滤镜，可以减少图像中杂色的干扰。执行它后，将检查图像中的每一个像素，并用像素周围指定区域内的平均亮度值来取代该区域中的所有亮度值。

"半径"表示数值越大，图像将变得越模糊、越柔和。

3．去斑

使用该滤镜能检查图像中有明显颜色变化边缘的区域，然后模糊除边缘外的部分。利用该滤镜能去掉图像中杂色的同时，保留原来图像的细节。

4．蒙尘与划痕

使用该滤镜能对图像中的斑点和折痕进行处理，它能将图像中有缺陷的像素融入到周围的像素中。

- "半径"：数值越大，图像越模糊。
- "阈值"：数值越大，图像中边缘的划痕越清晰。

5．减少杂色

在基于影响整个图像或各个通道的用户设置保留边缘的同时减少杂色。

9.3.13　其他

1．位移

将选区移动指定的水平量或垂直量，而选区的原位置变成空白区域。还可以用当前背景色、图像的另一部分填充这块区域，或者如果选区靠近图像边缘，也可以使用所选择的填充内容进行填充。

2．自定

可以设计自己的滤镜效果。使用"自定"滤镜，根据预定义的数学运算（称为卷积），可以更改图像中每个像素的亮度值。根据周围的像素值为每个像素重新指定一个值。此操作与通道的加、减计算类似。

3．高反差保留

在有强烈颜色转变发生的地方按指定的半径保留边缘细节，并且不显示图像的其余部分。此滤镜移去图像中的低频细节，效果与"高斯模糊"滤镜相反。

此滤镜对于从扫描图像中取出的艺术线条和大的黑白区域非常有用。

4．最小值和最大值

对于修改蒙版非常有用。"最大值"滤镜有应用阻塞的效果：展开白色区域和阻塞黑色区域。"最小值"滤镜有应用伸展的效果：展开黑色区域和收缩白色区域。与"中间值"滤镜一样，"最大值"和"最小值"滤镜针对选区中的单个像素。在指定半径内，"最大值"和"最小值"滤镜用周围像素的最高或最低亮度值替换当前像素的亮度值。

9.4　液化和消失点滤镜

"液化"滤镜和"消失点"滤镜属于比较特殊的滤镜,下面具体介绍。

9.4.1　液化

运用"液化"滤镜可以对图像任意扭曲,还可以定义扭曲的范围和强度,可以用来矫正拍歪了的人物照片及修改人物的表情等。执行"滤镜"→"液化"命令,打开"液化"对话框,如图 9-68 所示。

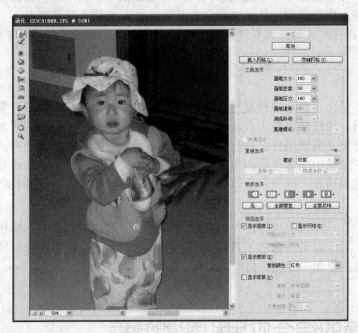

图 9-68　"液化"对话框

该对话框中主要参数的含义如下。

- "向前变形工具" : 使用该工具在图像上拖动,可以使图像随着涂抹产生变形效果。
- "重建工具" : 使用该工具在图像上拖动,可以将操作区域恢复原状。
- "顺时针旋转扭曲工具" : 使用该工具在图像上拖动,可使图像产生顺时针效果。
- "褶皱工具" : 使用该工具在图像上拖动,可以使图像产生仿佛缩小的效果,即图像产生向操作点收缩从而产生积压的效果。
- "膨胀工具" : 使用该工具在图像上拖动,可以使图像产生仿佛放大的效果,即图像背离操作中心从而产生膨胀效果。
- "左推工具" : 使用该工具在图像上拖动,可以移动图像。
- "镜像工具" : 使用该工具在图像上拖动,可以产生镜像效果。
- "湍流工具" : 使用该工具能够使被操作的图像在发生变形的同时具有紊乱的效果。

- "冻结蒙版工具" ✏️：使用该工具可以冻结图像，被该工具涂抹过的图像区域无法进行编辑操作。
- "解冻蒙版工具" ✏️：使用该工具可以解除被使用冻结工具所冻结的区域，使其还原为可编辑状态。
- "画笔大小"：用于设置使用上述各工具时，图像受影响区域的大小。数值越大，则一次影响的图像区域越大，反之则越小。
- "画笔压力"：用于设置使用上述各工具时，一次操作影响图像程度的大小。数值越大，则图像受画笔影响的程度也越大，反之则越小。
- "重建选项"：在该选项区中的"模式"下拉列表中选择一种模式并单击"重建"按钮，可使图像以该模式动态向原图像效果恢复。在动态恢复过程中，按空格键可以终止恢复进程，从而中断并截获恢复过程的某个图像状态。
- "显示图像"：勾选该复选框后，在该对话框中的预览区中将显示操作的图像。

9.4.2　消失点

"消失点"是允许在包含透视平面（例如，建筑物侧面或任何矩形对象）的图像中进行透视校正编辑。通过使用消失点，可以在图像中指定平面，然后应用诸如绘画、仿制、复制、粘贴及变换等编辑操作。所有编辑操作都将采用所处理平面的透视。利用消失点可以以立体方式在图像中的透视平面上工作。当使用消失点来修饰、添加或移去图像中的内容时，结果将更加逼真，因为系统可正确确定这些编辑操作的方向，并且将它们缩放到透视平面。

执行"滤镜"→"消失点"命令，打开"消失点"对话框，该对话框包含用于定义透视平面的工具、用于编辑图像的工具及一个图像预览。首先在预览图像中指定透视平面，然后就可以在这些平面中绘制、仿制、复制、粘贴和变换内容。

9.5　滤镜的综合应用和智能滤镜

使用"智能"滤镜可以对执行过的滤镜操作记录进行保存，以方便随时对滤镜进行重新编辑。

专家点拨：

"智能"滤镜与图层样式的操作十分类似，两者都会在图层中记录所添加的操作。

如图9-69所示的是综合使用"滤镜"功能制作的一幅海报画面。在"图层"面板中记录了对应图层所执行的滤镜操作，这是因为在制作这幅画面时使用了"智能"滤镜的缘故。双击滤镜的名称，可以对对应的滤镜进行编辑。

通过对本节的学习，一方面将掌握滤镜的综合应用方法；另一方面还将掌握智能滤镜的功能。

图 9-69　使用"智能"滤镜功能制作的海报

9.5.1　使用智能滤镜制作海报

1. 海报背景的制作

（1）创建一个新的图像文件，如图 9-70 所示，设置完后单击"确定"按钮。

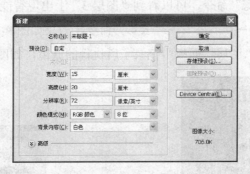

图 9-70　设置新的图像文件

（2）在"图层"面板中新增"图层 1"，在工具箱中设置前景色，RGB 参考值为（121，2，22），按"Alt+Delete"组合键，用前景色填充"图层 1"，效果如图 9-71 所示。

图 9-71　填充前景色

（3）使用"矩形选框工具"创建一个矩形选区，在"图层"面板中新增"图层 2"。用白色填充选区，如图 9-72 所示。

图 9-72　创建矩形选区并填充

2．制作海报画面

（1）选择工具箱中的"魔棒工具"，选中白色矩形以上的的区域，在工具箱中设置背景色为"黑色"，在"图层"面板中新增"图层 3"，将前景色填充到"图层 3"中，执行"滤镜"→"转换为智能滤镜"命令，可以看到"图层 3"上出现智能对象图标。

（2）执行"滤镜"→"渲染"→"云彩"命令，效果如图 9-73 所示。

此时可以看到，在"图层"面板中记录了所执行的滤镜，如图 9-74 所示。

图 9-73　云彩效果

图 9-74　"图层"面板

（3）按住"Ctrl"键，单击"图层 3"，执行"图层"→"新填充图层"→"纯色"命令，弹出"新建图层"对话框。单击"确定"按钮，弹出"拾色器"对话框，此时所选的颜色与工具箱中的前景色是一样的，单击"确定"按钮，在"图层"面板中，设置"不透明度"为"60%"，效果如图 9-75 所示。

（4）执行"滤镜"→"转换为智能滤镜"命令，再执行"滤镜"→"模糊"→"径向模糊"命令，设置"数量"为"45"，如图 9-76 所示。

图 9-75　添加填充图层

图 9-76　设置径向模糊参数

设置完后，单击"确定"按钮。

（5）从配套光盘中打开"放射状光线.psd"文件，按"Ctrl+A"组合键，全选图像，按"Ctrl+C"组合键，复制图像。切换到"影视海报"文件窗口，在"通道"面板中新增通道"Alpha 1"，按"Ctrl+V"组合键，将图像粘贴到"Alpha 1"中，调整图像的位置，取消选择，效果如图 9-77 所示。

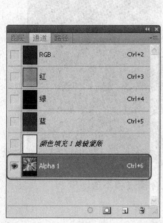

图 9-77　在 Alpha 1 通道中粘贴图像

（6）执行"选择"→"载入选区"命令，将"通道"设置为"Alpha 1"，如图 9-78 所示，单击"确定"按钮。

图 9-78　载入选区

（7）在"图层"面板中新增"图层 4"，设置前景色为"白色"，按"Alt+Delete"组合键填充选区，如图 9-79 所示。

图 9-79　填充选区

（8）在"图层"面板中选中"图层 4"，设置混合模式为"柔光"，"不透明度"设置为"80%"，效果如图 9-80 所示。

图 9-80　设置图层混合模式和不透明度

3．制作铬金属字

（1）在工具箱中设置前景色为"白色"，选择"横排文字工具"，输入"Evil"，效果如图 9-81 所示。

图 9-81　输入"Evil"

（2）用鼠标右键单击文字层，在弹出的快捷菜单中选择"栅格化图层"命令，把栅格化后的文字图层拖动到"创建新的图层"按钮上，复制出"Evil 副本"。

（3）选择图层"Evil"，执行"滤镜"→"转换为智能滤镜"命令，再执行"滤镜"→"风格化"→"风"命令，在弹出的对话框中设置"方法"为"风"，"方向"为"从左"，如图 9-82 所示。

设置完后，单击"确定"按钮，效果如图 9-83 所示。

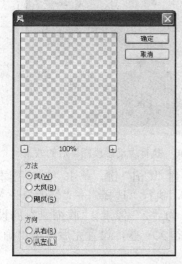

图 9-82　"风"滤镜参数设置

图 9-83　执行"风"滤镜后的效果

（4）按一次"Ctrl+F"组合键，重复执行"风"滤镜，效果如图 9-84 所示。

图 9-84　再次执行"风"滤镜后的效果

（5）执行"滤镜"→"模糊"→"动感模糊"命令，设置"角度"为"0"度，"距离"为"50"像素，如图 9-85 所示。

设置完后，单击"确定"按钮，效果如图 9-86 所示。

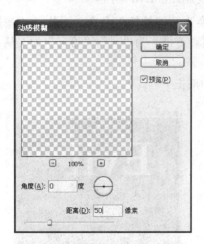

图 9-85 "动感模糊"参数设置

图 9-86 执行"动感模糊"后的效果

（6）在"图层"面板中选择"Evil 副本"图层，按住"Ctrl"键，单击"Evil 副本"，将文字载入选区，在"通道"面板中新增通道"Alpha 2"，执行"选择"→"修改"→"收缩"命令，弹出"收缩选区"对话框，设置"收缩量"为"2"像素。"收缩量"的设置需要根据文字的粗细来定，如果文字比较粗，可以设置得大一些，设置完后单击"确定"按钮。

在工具箱中设置前景色为"白色"，按住"Alt+Delete"组合键填充选区，如图 9-87 所示。

（7）执行"滤镜"→"模糊"→"高斯模糊"命令，设置"半径"为"3"像素，如图 9-88 所示。

图 9-87 在通道中填充选区

图 9-88 "高斯模糊"参数设置

单击"确定"按钮，然后取消选区，效果如图 9-89 所示。

（8）在"通道"面板中，选择"RGB"通道，返回到 RGB 通道编辑模式。

（9）执行"滤镜"→"转换为智能滤镜"命令，再执行"滤镜"→"渲染"→"光照效果"命令，弹出"光照效果"对话框，设置"纹理通道"为"Alpha 2"，光照颜色的 RGB 值为（251，137，25），其他参数设置如图 9-90 所示。

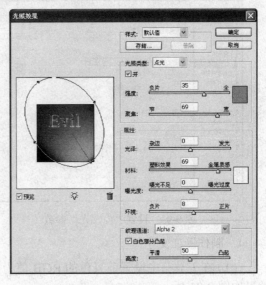

图 9-89　模糊后的效果　　　　　　　　　　图 9-90　"光照效果"对话框

设置完后单击"确定"按钮，效果如图 9-91 所示。

（10）为文字添加"外发光"图层样式效果，设置外发光颜色的 RGB 值为（255，255，190），其他参数设置如图 9-92 所示。

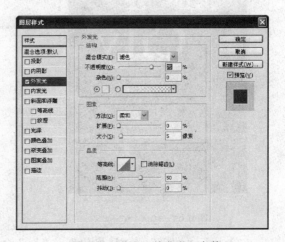

图 9-91　执行光照滤镜后的效果　　　　　　图 9-92　设置"外发光"参数

（11）为文字添加"内发光"图层样式效果，设置内发光颜色的 RGB 值为（255，255，190），其他参数设置如图 9-93 所示。

设置完后的效果如图 9-94 所示。

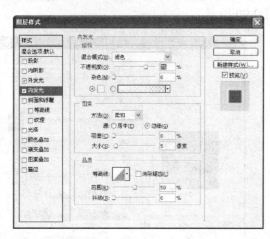

图 9-93　设置"内发光"参数　　　　　　　　　　图 9-94　铬金属文字

4．制作滴血文字

（1）在工具箱中设置前景色的 RGB 值为"白色"，选择"横排文字工具"，输入"City"，效果如图 9-95 所示。

（2）用鼠标右键单击文字层，在弹出的快捷菜单中选择"栅格化文字"命令，再执行"编辑"→"变换"→"旋转 90 度（顺时针）"命令，效果如图 9-96 所示。

图 9-95　输入"City"　　　　　　　　　　　图 9-96　顺时针旋转 90 度

（3）执行"滤镜"→"风格化"→"风"命令，设置"方法"为"风"，"方向"为"从右"，如图 9-97 所示，单击"确定"按钮。

（4）连续按"Ctrl+F"组合键，重复执行"风"滤镜，效果如图 9-98 所示。

图 9-97　设置"风"滤镜参数

图 9-98　执行"风"滤镜后的效果

（5）执行"编辑"→"变换"→"旋转 90 度（逆时针）"命令，效果如图 9-99 所示。

（6）在工具箱中设置背景色为"红色"，RGB 值为（255，0，0），执行"滤镜"→"素描"→"图章"命令，在弹出的对话框中设置"明/暗平衡"为"30"，"平滑度"为"50"，如图 9-100 所示。

图 9-99　逆时针旋转文字

图 9-100　设置"图章"参数

设置完后单击"确定"按钮，效果如图 9-101 所示。

最后为画面添加图片和文字，如图 9-102 所示，完成海报的制作。

图 9-101　完成后的滴血字效果

图 9-102　完成后的效果图

9.5.2　智能滤镜的操作方法

在以上实例中，凡是转化为智能滤镜的图层，可以在"图层"面板中看到都保留了滤镜操作的记录。

其操作方法如下。

（1）单击滤镜前面的眼睛图标可以关闭或打开某个滤镜，以决定是否应用该滤镜。例如，关闭"动感模糊"滤镜前的眼睛，如图 9-103 所示，再次单击可以显示。

图 9-103　关闭"动感模糊"滤镜眼睛后的效果

（2）可以像移动图层那样移动滤镜层的顺序，以得到不同的效果。例如将"动感模糊"滤镜层移动到"风"滤镜的下面，效果如图 9-104 所示。

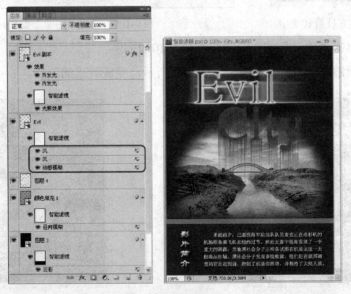

图 9-104　将"动感模糊"滤镜层移动到"风"滤镜下面的效果

（3）双击某个滤镜名称，可以重新打开该滤镜，重新设置各参数。

（4）双击某个滤镜右侧的图标，可以打开"混合选项"对话框，在其中可调整混合模式和不透明度，如图 9-105 所示。

图 9-105 "混合选项"对话框

（5）还可以根据需要激活滤镜层最上面的蒙版，可以像图层蒙版那样操作，以控制滤镜的作用范围。如填充一种黑白线性渐变，效果如图 9-106 所示。

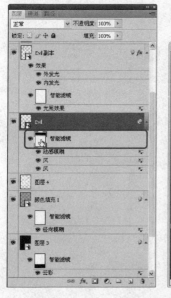

图 9-106 编辑蒙版后的效果

（6）制作好案例后，确定不需要再修改滤镜参数的时候，可以执行"图层"→"智能对象"→"栅格化"命令，合并所有滤镜层为普通层。

9.6 操作题

1．综合运用滤镜功能制作出如图 9-107 所示的放射状光线效果。在制作过程中将运用到"云彩"、"颗粒"、"径向模糊"滤镜命令。

2．综合使用滤镜功能制作出如图 9-108 所示的火球效果。在制作过程中将使用到"云彩"、"分层云彩"、"球面化"、"高斯模糊"、"添加杂色"滤镜命令。

图 9-107　制作放射状光线效果

图 9-108　制作火球效果

第 10 章　文字的应用

内容简介

　　文字是平面设计中比较重要的元素之一，Photoshop CS4 具有强大的文字处理功能，不但可以进行常规的文字输入，还可以制作出变形的文字、路径文字及各种精美的艺术字效果。

本章导读

- 文字的输入和设置方法。
- 文字的变形。
- 沿路径输入文字。
- 艺术文字的制作。

10.1　输入和编辑文字

　　在工具箱中，输入文本的工具共有 4 种，分别是"横排文字工具"、"直排文字工具"、"横排文字蒙版工具"和"直排文字蒙版工具"，如图 10-1 所示。

图 10-1　文字工具

10.1.1　输入文字

- "横排文字工具"：选择工具箱中的"横排文字工具" T，在图像上单击，可以输入横向排列的文本，按"Ctrl+Enter"组合键，或者选择其他工具结束输入，如图 10-2 所示。

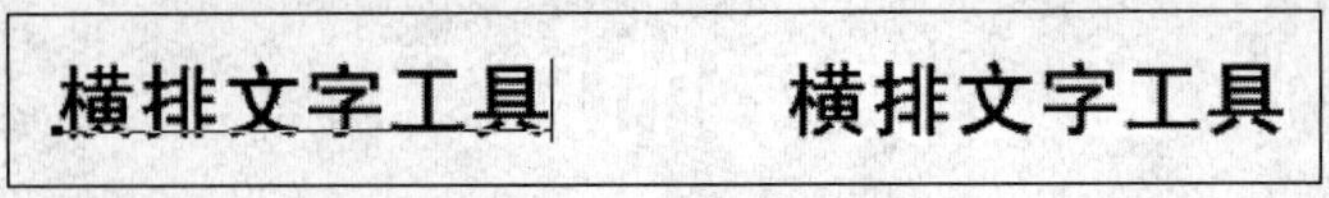

横排文字工具　　　横排文字工具

图 10-2　输入横排文字

- "直排文字工具"：选择工具箱中的"直排文字工具" ⫶T⫶，可以输入垂直方向的文本，如图 10-3 所示。

图 10-3　输入直排文字

- "横排文字蒙版工具"：选择工具箱中的"横排文字蒙版工具" ⫶T⫶，在图像上单击，此时图像背景颜色变成粉色，表示进入蒙版模式，输入文本，按"Ctrl+Enter"组合键结束输入，可以得到文本的选区，如图 10-4 所示。

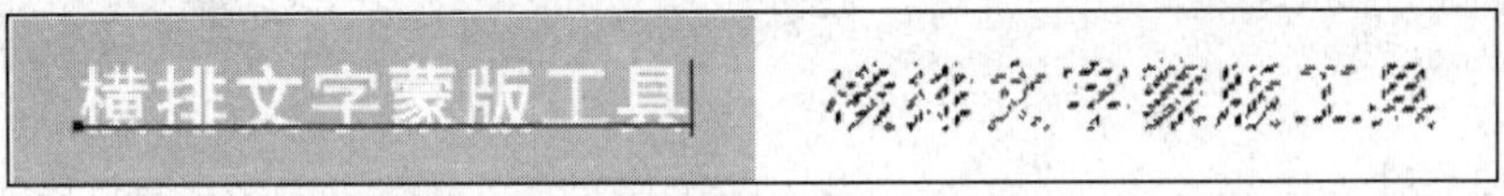

横排文字蒙版工具　　横排文字蒙版工具

图 10-4　创建横排文字的选区

- "直排文字蒙版工具"：选择工具箱中的"直排文字蒙版工具" ⫶T⫶，可以得到垂直方向的文本选区，如图 10-5 所示。

图 10-5　创建直排文字的选区

10.1.2　设置文字的属性

1．文字的选项栏

不管选择哪种文字工具，其选项栏都是一样的，如图 10-6 所示。

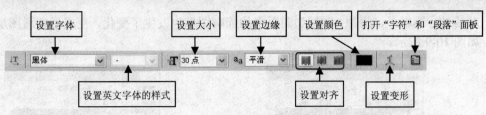

图 10-6　文字工具的选项栏

在其中可以设置文字的各种属性，非常直观。需要说明的是，如果要在横排文字和直排文字之间进行切换，则可以单击选项栏左侧的"更改文本方向"按钮 。

2．字符和段落面板

单击选项栏上的"切换字符和段落面板"按钮 ，或者从菜单栏上执行"窗口"菜单中的"字符"和"段落"命令，可打开如图 10-7 所示的两个面板。

图 10-7　"字符"和"段落"面板

在"字符"和"段落"面板中，可以对文字的属性进行更详细的设置。把鼠标移到相应的按钮都会出现功能提示，然后尝试着设置一下即可，这里不再一一展开介绍。

3．编辑文字

进入文字的编辑状态：如果要对已经输入的文本进行编辑，可以选择"文本工具"，然后单击图像中的文本，单击处会出现一个光标，此时就可以进行文本的编辑了；也可以在"图层"面板中双击文字图层的缩略图，此时可以将文字选中，移动光标的位置即可定为修改的位置。

文字属性的修改：选中要修改的文字，然后在选项栏上或者"字符"和"段落"面板中对文字的属性进行修改。

4．文字图层

输入文字后，打开"图层"面板，在面板中会自动生成文字图层。请注意文字图层的缩略图为"T"形。在默认情况下，文字图层的名称为输入的文本，当然也可以对其进行重新命名，如图 10-8 所示。

双击图层的缩略图"T"形，可以选中画面上输入的文本；双击被选文字图层的蓝色区域，可以打开"图层样式"对话框。

5．栅格化文字

如果要将输入的文字转化为图形，可在"图层"面板中用鼠标右键单击文字图层，在弹出的快捷菜单中选择"栅格化文字"命令。文字转化为图形后，我们不能再用文字工具对其进行编辑了，此时"图层"调板中的缩略图标也发生了变化，变成了普通图层的图标，如图 10-9 所示。

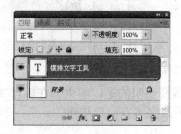

图 10-8　文字图层　　　　　　　　图 10-9　将文字转化为图形

10.2　对文字进行变形

我们可以对输入的文字进行变形，选中输入的文字，单击选项栏上的"创建文字变形"按钮 ，弹出"变形文字"对话框，打开"样式"下拉列表，可以看到文字有很多的变形模式，如图 10-10 所示。

图 10-10　文字的变形模式

利用这些文字变化的样式，我们可以制作出很多不同的文字特型。如图 10-11 所示的是几种常用的变形效果。

扇形变形　　　　　　　　　　　　　　下弧变形

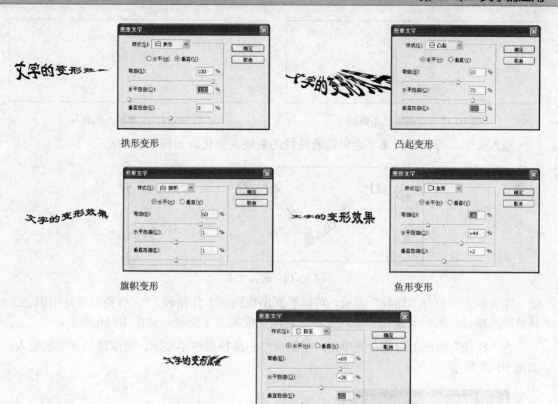

拱形变形

凸起变形

旗帜变形

鱼形变形

挤压变形

图 10-11　变形效果

打开"图层"面板，可以发现此时文字图层的缩略图标变成了变形图标，如图 10-12 所示。

图 10-12　文字图层缩略图标的变化

10.3　路径文字

文字的走向还可以随着路径的曲线来变化。

路径通过"钢笔工具" 来绘制。如图 10-13 所示为一条绘制好的路径。

选择"横排文字工具"，在路径上单击，此时路径上出现闪烁的输入光标，这是文字输入的起点，如图 10-14 所示。

图 10-13　绘制出一条路径　　　　　　　　图 10-14　文本输入的光标

输入文字，可以看到文字走向随着路径的曲线在变化，如图 10-15 所示。

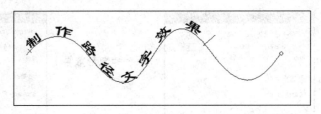

图 10-15　输入文本

完成输入后打开"路径"面板，可以看到出现两条工作路径。"工作路径"是用钢笔工具绘制的路径，另一条路径是输入文本时自动生成的文本路径，如图 10-16 所示。

在"路径"面板上的空白处单击，使图像中的路径曲线不显示，完成路径文字的输入，如图 10-17 所示。

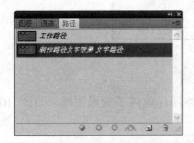

图 10-16　"路径"面板　　　　　　　图 10-17　输入完后的路径文字

10.4　艺术文字

除了输入各种文字外，还可以配合使用文本输入工具和其他功能来制作富有创意的艺术文字。本节介绍几款艺术文字的制作方法。

10.4.1　撕纸字

本例主要运用文本输入工具、通道、"晶格化"和"喷色描边"滤镜命令、图层样式来制作一款撕纸字效果，如图 10-18 所示。

其操作步骤如下。

（1）打开一幅背景素材，如图 10-19 所示。

图 10-18 撕纸字效果 　　　　　　　　　　　图 10-19 背景素材

（2）打开"通道"面板，单击"创建新通道"按钮，得到 Alpha1 通道，设置前景色为"白色"，单击工具栏上的"文字工具" **T**，在"字符"面板上调整文字的样式、大小和颜色。用鼠标在画面上单击并输入文字"爱"。

（3）按"Ctrl＋D"组合键取消选区，执行菜单栏上的"滤镜"→"像素化"→"晶格化"命令，在弹出的"晶格化"对话框中设置晶格化的各项参数，如图 10-20 所示。设置完毕后，单击"确定"按钮，得到如图 10-21 所示的晶格化效果。

图 10-20 "晶格化"对话框 　　　　　　　图 10-21 晶格化效果

（4）执行菜单栏上的"滤镜"→"画笔描边"→"喷色描边"命令，在弹出的"喷色描边"对话框中设置喷色描边的各项参数，具体设置如图 10-22 所示。

图 10-22 设置"喷色描边"

设置完后，单击"确定"按钮，得到如图 10-23 所示的喷色描边效果。

（5）单击"图层"面板下方的"创建新图层"按钮，新增图层"爱"，执行菜单栏上的"选择"→"载入选区"命令，在弹出的"载入选区"对话框中设置各项参数，如图 10-24 所示。

图 10-23　喷色描边效果

图 10-24　"载入选区"对话框

（6）设置完毕后，单击"确定"按钮，调出 Alpha1 通道的选区，将前景色设置为"红色"，按"Alt＋Delete"组合键填充前景色，效果如图 10-25 所示。

（7）按"Ctrl＋D"组合键取消选区，打开"图层样式"对话框，设置"投影"的各项参数，如图 10-26 所示。

图 10-25　填充前景色

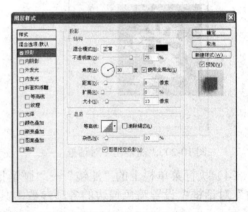

图 10-26　设置"投影"样式

设置完后单击"确定"按钮，得到如图 10-27 所示的最终效果。

图 10-27　撕纸字效果

10.4.2　金属字

本例运用文本输入工具和图层样式来制作一款金属字的效果。

其操作步骤如下。

（1）新建一个图像文件，输入文字"金"，如图 10-28 所示。

（2）打开"图层样式"对话框，勾选"斜面和浮雕"复选框。"斜面和浮雕"的各项参数设置如图 10-29 所示。

图 10-28　输入文字

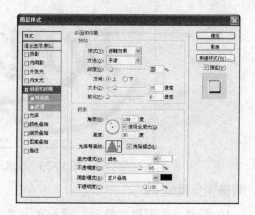

图 10-29　设置"斜面和浮雕"样式

（3）在"图层样式"对话框中勾选"等高线"复选框。"等高线"的各项参数设置如图 10-30 所示。

（4）在"图层样式"对话框中继续勾选"投影"复选框。"投影"的各项参数设置如图 10-31 所示。

图 10-30　设置"等高线"样式

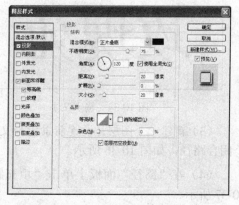

图 10-31　设置"投影"样式

（5）设置完后，单击"确定"按钮，金属字"金"制作完成，效果如图 10-32 所示。

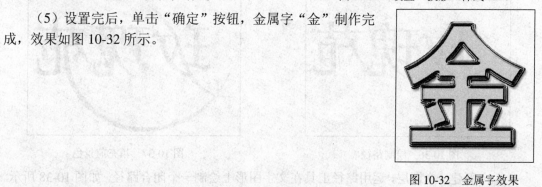

图 10-32　金属字效果

10.4.3　玫瑰苑 LOGO

本例运用文字输入工具、路径工具、渐变填充、图层样式等功能来制作文字 LOGO，完成后的效果如图 10-33 所示。

图 10-33　玫瑰苑 LOGO 效果

其操作步骤如下。

（1）新建一个图像文件后，输入文字"玫瑰苑"，如图 10-34 所示。

（2）用鼠标右键单击文字图层，在弹出的快捷菜单中选择"栅格化文字"命令，将文字图层转换为普通图层。然后运用"套索工具"框选出需要删除的部分，按"Delete"键删除，得到如图 10-35 所示的图形效果。

图 10-34　输入文字

图 10-35　删除文字的部分笔画

（3）新建一个图层，设置前景色与文字颜色一样，运用路径工具在文字图形上绘制两个闭合路径，如图 10-36 所示。

（4）在"路径"面板上单击"填充路径"按钮 ◉，将前景色填充到路径中，如图 10-37 所示。

图 10-36　绘制路径

图 10-37　填充前景色

（5）新建一个图层，运用路径工具在文字图形上绘制一个闭合路径，如图 10-38 所示。

（6）单击"路径"面板上的"将路径作为选区载入"按钮 ⊙，将路径转换为选区，效果如图 10-39 所示。

图 10-38　绘制路径

图 10-39　将路径作为选区载入

（7）选择"渐变工具"，设置一种从绿色到红色的线性渐变，如图 10-40 所示。

图 10-40　设置渐变色

（8）单击"确定"按钮，然后用鼠标从左向右拖动，如图 10-41 所示，得到渐变填充效果，按"Ctrl＋D"组合键取消选区。

（9）新建一个图层，运用路径工具在渐变图形的右端绘制一个玫瑰路径，如图 10-42 所示。

图 10-41　渐变效果

图 10-42　绘制玫瑰路径

（10）单击"路径"面板下方的"将路径作为选区载入"按钮，将路径转换为选区，效果如图 10-43 所示。然后对选区进行红色到绿色的线性渐变填充，效果如图 10-44 所示。

图 10-43　将路径转换为选区　　　　　　图 10-44　渐变填充效果

（11）新建一个图层，运用路径工具在玫瑰图形的左下方绘制一个叶片路径，如图 10-45 所示。然后对该路径进行前景色的填充，效果如图 10-46 所示。

图 10-45　绘制叶片路径　　　　　　　　图 10-46　填充颜色

（12）打开"图层样式"对话框，勾选"投影"复选框。"投影"的各项参数设置如图 10-47 所示。单击"确定"按钮，得到如图 10-48 所示的投影效果。

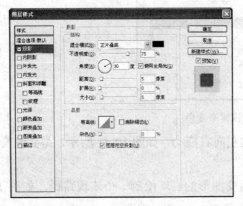 

图 10-47　"投影"样式　　　　　　　　　图 10-48　投影效果

（13）将图层样式分别复制到除背景图层以外的其余图层上，效果如图 10-49 所示。"玫瑰苑"创意文字制作完成。

图 10-49　最终效果

10.5 操作题

1. 使用文本输入工具和图层样式功能，制作出如图 10-50 所示的水晶字效果。

图 10-50 制作水晶字

2. 使用文本输入工具、橡皮擦工具、路径工具、图层样式功能制作出如图 10-51 所示的文字效果。

图 10-51 制作伤"心"文字

第 11 章　平面设计综合应用

内容简介

本章将全面温习已经学习的知识要点，针对平面设计中的各设计类别进行案例式地讲解。通过学习能全面巩固 Photoshop CS4 的操作方法和各种技巧，同时也可以提高在职业领域中进行设计的实践技能。每个案例均给出了详细的设计方法、所应用的知识要点，而且步骤详细，只要按照书中所介绍的方法一步一步地操作，就会得到满意的效果。

本章导读

- 海报设计。
- 招贴设计。
- 广告设计。
- 标志设计。
- 网页设计。

11.1　海报设计——花卉市场 9 年庆海报

海报这种宣传形式以一种直观、直接、简单明了的方式传达信息。在本节中，将通过制作一个市场年庆的海报，来讲解设计和制作方法。

11.1.1　海报含义

海报是一种信息传递艺术，是一种大众化的宣传工具。海报设计必须有相当的号召力与艺术感染力，要调动形象、色彩、构图、形式感等因素形成强烈的视觉效果；它的画面应有较强的视觉中心，应力求新颖、单纯，还必须具有独特地艺术风格和设计特点。

海报以其醒目的画面吸引路人的注意，海报常用于文艺演出、运动会、故事会、展览会、家长会、节庆日、竞赛游戏等。海报设计总的要求是使人一目了然。

一般的海报通常含有通知性，所以主题应该明确显眼、一目了然（如 xx 比赛、打折等），接着概括出如时间、地点、附注等主要内容以最简洁的语句。海报的插图、布局的美观通常是吸引眼球的很好方法。

11.1.2　实例演练

本例制作的是中国花卉市场 9 年庆海报，效果如图 11-1 所示。

图 11-1　完成的海报效果图

运用的主要知识点有：魔棒工具抠图、扩大选取命令、图层混合模式及图层不透明度值的调整、钢笔绘图、自定形状工具运用，以及文本的变形。

另外还运用了图层样式中的投影、斜面和浮雕、光泽等选项制作对象的图层样式特效，增加了对象的视觉冲击力。

具体步骤如下。

（1）启动 Photoshop CS4，新建一个"海报"文件。

（2）如图 11-2 所示，单击工具箱中的"设置前景色"按钮，在"拾色器"对话框中设置前景色的颜色为"C：50；M：0；Y：100；K：0"，如图 11-3 所示。

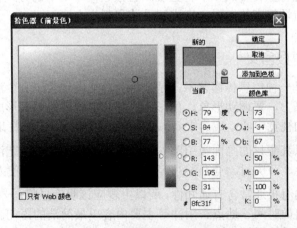

图 11-2　设置前景色　　　　　　　　图 11-3　"拾色器"对话框

（3）单击"确定"按钮，按"Alt＋Delete"组合键填充前景色，效果如图 11-4 所示。

（4）执行"文件"→"打开"命令，打开一个素材文件，如图 11-5 所示。

图 11-4　填充前景色的文件窗口

图 11-5　素材文件"花鸟"

（5）选择工具箱中的"魔棒工具"，在黑色背景上单击，如图 11-6 所示，选择了图像中上半部分的黑色区域。如图 11-7 所示，按住"Shift"键后，"魔棒工具"下方显示加号，此时单击下半部分的黑色区域，将下半部分的黑色区域添加到选区中。

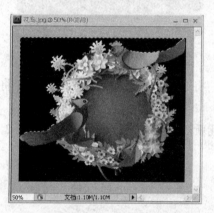

图 11-6　选择上半部分黑色区域

图 11-7　按住"Shift"键的"魔棒工具"形状

（6）按"Ctrl＋Shift＋I"组合键反选选区，如图 11-8 所示，将背景以外的元素选中。

（7）选择工具箱中的"移动工具"，将选区拖曳至"海报"文件上，如图 11-9 所示，在"海报"文件中生成一个新的图层。

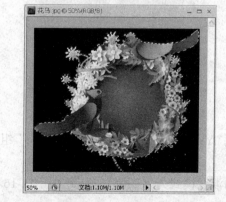

图 11-8　反选选区选择图像中的花鸟部分

图 11-9　生成图层

（8）按"Ctrl＋T"组合键，如图 11-10 所示，对图层 1 中的内容进行自由变换，调整其大小后，按"Enter"键确认。

（9）再次选择"魔棒工具"，在图层 1 的图形中央处单击，如图 11-11 所示，选择一个区域。

图 11-10　调整大小

图 11- 11　绘制选区

（10）执行"选择"→"扩大选取"命令，将选区扩大，如图 11-12 所示，将图形中间的背景部分进行全部的选取。

（11）在"图层"面板的下方，单击"创建新图层"按钮，新建一个"图层 2"，如图 11-13 所示。

图 11-12　扩大选取效果

图 11- 13　新建图层

（12）调整前景色的值为"C：0；M：100；Y：2；K：0"，按"Alt＋Delete"组合键填充前景色，效果如图 11-14 所示。

（13）如图 11-15 所示，设置"图层 2"的混合模式为"颜色"，得到如图 11-16 所示的图像效果。

图 11-14　填充前景色　　　图 11-15　调整图层混合模式　　　图 11-16　图层 2 的混合
　　　　　　　　　　　　　　　　　　　　　　　　　　　　　　　　　　　　模式效果

（14）选择工具箱中的"文字工具"，在图像上单击并输入"9"，如图 11-17 所示，生成一个文字图层。

（15）在"字符"面板中，设置文字的样式、大小和颜色，具体设置如图 11-18 所示，其中颜色值为"C：20；M：0；Y：100；K：0"。

（16）适当调整位置后，得到如图 11-19 所示的效果。

图 11-17　输入文字　　　　　图 11-18　"字符"面板　　　　　图 11-19　调整后的文字

（17）在工具箱中选择"钢笔工具"，如图 11-20 所示，在"9"字的上方和下方分别绘制两个闭合路径。

（18）单击"路径"面板，将工作路径保存为"路径 1"，如图 11-21 所示。

图 11-20　绘制闭合路径　　　　　　　　　图 11-21　保存路径

（19）单击"路径"面板下方的"将路径转换为选区"按钮，如图 11-22 所示，闭合路径以选区显现。

（20）调整前景色值为"C：20；M：0；Y：100；K：0"，按"Alt＋Delete"组合键填充前景色，按"Ctrl＋D"组合键取消选区，效果如图 11-23 所示。

图 11-22　将路径转换为选区　　　　　　　　图 11-23　填充前景色

（21）选择工具箱中的"钢笔工具"，继续在"9"字的左方绘制一个闭合路径，如图 11-24 所示。

（22）在"路径"面板上将路径转换为选区后，填充前景色，效果如图 11-25 所示。

图 11-241　绘制闭合路径　　　　　　　　　图 11-25　填充前景色

（23）按住"Ctrl＋Alt"组合键用鼠标拖动图形，将图形移动到"9"字的右侧，调整位置，效果如图 11-26 所示。

（24）按"Ctrl＋T"组合键变换图形，选中变换的图形并单击鼠标右键，在弹出的快捷菜单中选择"水平翻转"命令，如图 11-27 所示。

图 11-26　复制并移动对象　　　　　　　　　图 11-27　自由变换

（25）对图像进行适当的旋转，如图 11-28 中的左图所示，按"Enter"键结束变换，得到图 11-28 中的右图效果。

图 11-28　翻转效果

（26）选择工具箱中的"椭圆选框工具"，在"9"字周围绘制一个椭圆选区，如图 11-29 所示，用鼠标右键单击椭圆选区，在弹出的快捷菜单中选择"描边"命令。

（27）在"描边"对话框中设置描边的各项参数，具体设置如图 11-30 所示，其中描边颜色为"C：5；M：15；Y：40；K：0"

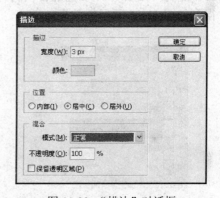

图 11-29　绘制椭圆选区　　　　　　　　　图 11-30　"描边"对话框

（28）单击"确定"按钮，按"Ctrl+D"组合键取消选区。

（29）如图 11-31 所示，将图层 6 的混合模式设置为"滤色"，得到如图 11-32 所示的效果。

图 11-31　调整混合模式　　　　　　　　　图 11-32　"滤色"效果

（30）选中图层 1。

（31）选择工具箱中的"魔棒工具"，单击选项栏中的"添加到选区"按钮，将该图层上的一朵花选中，如图 11-33 所示。

（32）按"Ctrl＋C"组合键复制花朵，按"Ctrl＋V"组合键粘贴选区内容，在图层面板上新建了一个图层 7，按"Ctrl＋T"组合键对粘贴的图形进行大小和位置的调整，如图 11-34 所示。

图 11-33　图层面板　　　　　　　　　　图 11-34　调整对象的位置和大小

（33）选择"图层 7"，设置混合模式为"明度"，"不透明度"为"90％"，如图 11-35 所示。得到如图 11-36 所示的效果。

图 11-35　调整混合模式和不透明度值　　　　　图 11-36　调整后的效果

（34）复制"图层 7"，如图 11-37 所示，设置其"不透明度"为"40％"。

（35）选择"移动工具"，适当调整图层 7 中图形的位置，如图 11-38 所示。

图 11-37　复制图层　　　　　　　　　　图 11-38　调整对象位置

（36）按照同样的方法制作出其他花朵图形，根据需要设置其不透明度值，效果如图 11-39 所示。

图 11-39　制作的其余花朵

（37）选择工具箱中的"矩形选框工具"，在图 11-40 中左图的位置绘制一个矩形选区并填充值为"C：50；M：0；Y：100；K：0"的颜色，效果如图 11-40 中的右图所示，按"Ctrl＋D"组合键取消选区。

图 11-40　绘制矩形选区并填充颜色

选择"矩形选框工具"，在画布的下方绘制一个矩形选区，填充颜色为"C：60；M：0；Y：100；K：40"。

（38）选择"椭圆选框工具"，按住"Shift"键，在画布下方矩形上绘制一个正圆选区，填充颜色为"C：0；M：100；Y：2；K：0"，效果如图 11-41 所示。

（39）选择工具箱中的"自定形状工具"，单击选项栏"形状"右侧的三角形按钮，在弹出的列表中选择"花形装饰 1"形状，如图 11-42 所示。

 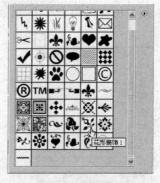

图 11-41　画布底端的矩形和圆形　　　　图 11-42　选择形状

（40）在图形中拖动，绘制出选定的形状，如图 11-43 所示。

（41）如图 11-44 所示，在"图层"面板中双击图层蒙版缩略图。

（42）在"拾取颜色"对话框中，选择颜色为"C：0；M：0；Y：0；K：0"，单击"确定"按钮，将形状填充为"白色"，然后按"Ctrl+D"组合键取消选区。

图 11-43　绘制作形状

图 11-44　双击图层蒙版缩略图

（43）选择工具箱中"直线工具"，在画布右下方的位置绘制一条直线路径。用鼠标右键单击路径，在弹出的快捷菜单中选择"建立选区"命令，如图 11-45 所示。

（44）弹出"建立选区"对话框，如图 11-46 所示，单击"确定"按钮，建立一个选区。

（45）为选区填充颜色为"C：50；M：0；Y：100；K：0"后，取消选区。

图 11-45　选择"建立选区"命令

图 11-46　"建立选区"对话框

（46）选择工具箱中的"文字工具"，在"字符"面板中设置好文字的样式、大小和颜色，具体设置如图 11-47 所示，其中"颜色"值为"C：2；M：5；Y：99；K：0"。

（47）用鼠标在画面上单击并输入文字"创造有表情的家"，如图 11-48 所示。

图 11-47　"字符"面板

图 11-48　输入文字

（48）单击选项栏中的"创建文字变形"按钮，在"变形文字"对话框中，设置变形文字的各项参数，具体设置如图 11-49 所示。

（49）单击"确定"按钮，得到如图 11-50 所示的变形文字效果。

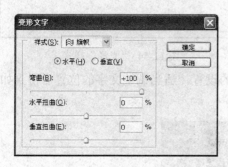

图 11-49　"变形文字"对话框　　　　　　　　图 11-50　变形文字效果

（50）单击"图层"面板下方的"添加图层样式"按钮，在弹出的菜单中选择"混合选项"命令，如图 11-51 所示。

（51）在"图层样式"对话框中，勾选"投影"复选框，按如图 11-52 所示设置投影的各项参数，其中投影颜色值为"C：58；M：56；Y：100；K：52"。

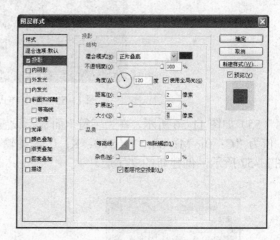

图 11-51　选择"混合选项"命令　　　　　　　图 11-52　"投影"样式

（52）继续勾选"斜面和浮雕"复选框，按如图 11-53 所示设置各项参数，其中阴影颜色值为"C：20；M：70；Y：100；K：0"。

（53）继续勾选"光泽"复选框，按如图 11-54 所示设置各项参数，其中光泽颜色值为"C：3；M：4；Y：78；K：0"。

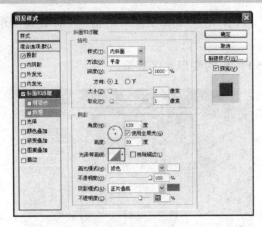
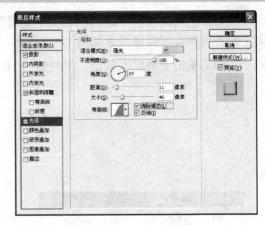

图 11-53 "斜面和浮雕"样式 　　　　　　　　图 11-54 "光泽"样式

（54）单击"确定"按钮，完成文字层样式的设置，适当调整文字的位置后得到如图 11-55 所示的效果。

图 11-55 图层样式效果

（55）如图 11-56 所示，在"字符"面板上设置好文字的样式、大小和颜色，其中"颜色"值为"C：0；M：60；Y：100；K：0"，并输入文字"中国花卉市场开业周年店庆"，如图 11-57 所示，创建新的文字层。

图 11-56 "字符"面板 　　　　　　　　　　图 11-57 输入文字

（56）勾选"投影"复选框，按如图 11-58 所示设置文字层的"投影"参数，其中投影颜色值为"C：35；M：80；Y：100；K：46"，单击"确定"按钮后，调整文字的位置至底部矩形的上方，如图 11-59 所示。

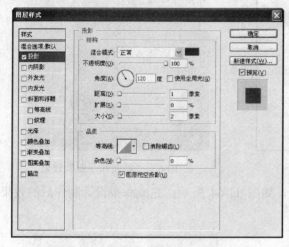

图 11-58　"投影"样式　　　　　　　　　　图 11-59　"投影"效果

（57）在"字符"面板中继续设置文字的样式、大小和颜色，如图 11-60 所示，其中"颜色"值为"C：0；M：60；Y：100；K：0"。然后用鼠标在画面上单击并输入文字"9"。

（58）设置"投影"的各项参数，具体设置如图 11-61 所示，其中投影颜色值为"C：36；M：95；Y：85；K：58"。

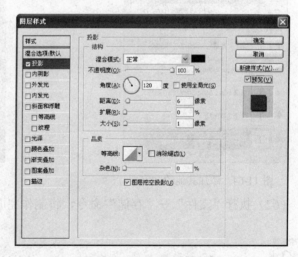

图 11-60　"字符"面板　　　　　　　　　图 11-61　"投影"样式

（59）继续勾选"斜面和浮雕"复选框，按如图 11-62 所示设置各项参数，其中阴影颜色值为"C：24；M：71；Y：100；K：13"。

（60）单击"确定"按钮，适当调整文字的位置，得到如图 11-63 所示的效果。

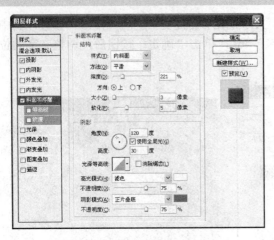

图 11-62　"斜面和浮雕"样式　　　　　　　　图 10-63　"斜面和浮雕"效果

（61）用同样的方法添加其他文字层，如图 11-64 所示；完成海报设计制作后的效果如图 11-65 所示。

图 11-64　添加其他的文字层　　　　　　　图 11-65　最终效果

（62）执行"文件"→"存储"命令，将制作完成的"海报"文件存储即可。

11.2　招贴设计——源别墅首期开盘招贴

本节将介绍招贴的设计方法，首先认识招贴的概念，然后用一个房地产广告进行实战制作。

11.2.1 招贴含义

招贴又名宣传画，属于户外广告，分布在各街道、影剧院、展览会、商业闹市区、车站、码头、公园等公共场所。国外也称之为"瞬间"的街头艺术。

招贴与其他广告形式相比，具有画面面积大、内容广泛、艺术表现力丰富、远视效果强烈等特点。招贴广告通常以广告插图为主要表现手段，有时甚至只有一个标题而不用广告正文。所以，招贴广告的标题设计尤为重要，起到画龙点睛的作用。招贴广告的标题既要醒目，又要和招贴的画面风格统一，相得益彰。

11.2.2 实例演练

本例制作的是源别墅首期开盘招贴，效果如图 11-66 所示。

图 11-66　完成的招贴效果

运用的主要知识点有：调整色彩平衡、添加图层蒙版、多边形套索绘制选区、描边选区、渐变填充及栅格化文字图层。

另外还运用了图层样式中的投影和描边样式制作对象的特效。

具体操作步骤如下。

（1）启动 Photoshop CS4，新建一个"招贴"文件。

（2）执行"文件"→"打开"命令，在弹出的对话框中，选择一个背景素材文件，单击"打开"按钮，打开该背景文件，如图 11-67 所示。

（3）使用"移动工具"将背景文件中的图层拖动到"招贴"文件中，如图 11-68 所示。

图 11-67　打开背景文件　　　　　图 11-68　将背景文件中的图层拖动到"招贴"文件中

（4）在"招贴"文件中，选中"图层 1"，按"Ctrl＋T"组合键变换图形，如图 11-69 所示，调整素材图形的大小，使其与"招贴"文件大小相同，按"Enter"键结束图形变换。

（5）执行"图像"→"调整"→"色彩平衡"命令，在"色彩平衡"对话框中设置中间调的各项参数值，如图 11-70 所示，单击"确定"按钮。

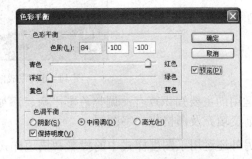

图 11-69　调整素材图形的大小　　　　图 11-70　"色彩平衡"对话框

（6）执行"文件"→"打开"命令，打开一个素材文件，如图 11-71 所示。

（7）使用"移动工具"将其移至"招贴"文件下方，生成"图层 2"，按"Ctrl＋T"组合键调整素材图形的大小，效果如图 11-72 所示。

图 11-71　打开一个素材文件　　　　图 11-72　移动素材图形至文件中

（8）在"图层"面板中，单击"添加图层蒙版"按钮，为"图层 2"添加一个蒙版，如图 11-73 所示。

（9）在工具箱中选择"渐变工具"，单击选项栏中的"线性渐变"按钮，在渐变编辑器中选择默认的黑白渐变，如图 11-74 所示。

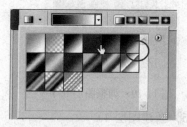

图 11-73　添加图层蒙版　　　　　图 11-74　选择默认的黑白渐变

（10）选择图层 2 蒙版缩略图，在如图 11-75 所示的位置处开始向下拖动，得到如图 11-76 所示的垂直渐变效果。

图 11-75　拖动鼠标填充渐变　　　　图 11-76　填充渐变后的效果

（11）新建图 3。

（12）选择工具箱中的"多边形套索工具"，在如图 11-77 所示的位置绘制一个多边形选区。然后为选区填充值为"C：83；M：60；Y：93；K：35"的颜色，如图 11-78 所示。

图 11-77　绘制选区

图 11-78　填充前景色

（13）复制图层 3，如图 11-79 所示，将复制后的图层调整到图层 3 的下方。

（14）按住"Ctrl"键单击"图层 3 副本"，选中图层的选区，填充值为"C：60；M：97；Y：70；K：40"的颜色，使用方向键适当向上移动图形，如图 11-80 所示，按"Ctrl＋D"组合键取消选区。

图 11-79　调整图层顺序

图 11-80　填充前景色

（15）新建图层 4。

（16）选择工具箱中的"椭圆选框工具"，在选项栏中单击"添加到选区"按钮，如图 11-81 所示，按住"Shift"键绘制一组正圆选区。

（17）将选区填充值为"C：33；M：79；Y：0；K：40"的颜色，效果如图 11-82 所示，按"Ctrl＋D"组合键取消选区。

图 11-81　绘制选区组

图 11-82　填充前景色

（18）新建图层 5。

（19）选择工具箱中的"直线工具"，绘制一条直线路径，然后用鼠标右键单击该路径，在弹出的快捷菜单中选择"建立选区"命令，如图 11-83 所示。

（20）在如图 11-84 所示的"建立选区"对话框中，单击"确定"按钮。

图 11-83　绘制直线路径

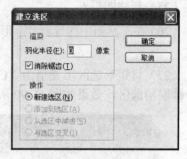

图 11-84　"建立选区"对话框

（21）用鼠标右键单击图层 5，在弹出的快捷菜单中选择"栅格化图层"命令，将图层 5 中的直线进行栅格化处理。

（22）执行"编辑"→"描边"命令，在"描边"对话框中设置描边的参数，具体设置如图 11-85 所示，其中描边颜色值为"C：33；M：79；Y：0；K：0"。

（23）单击"确定"按钮，然后取消选区，效果如图 11-86 所示。

图 11-85　"描边"对话框

图 11-86　描边效果

（24）如图 11-87 所示，复制图层 5，将图层 5 副本中的线条移动到相应的位置，如图 11-88 所示，在画面中得到两条线条。

图 11-87　复制图层

图 11-88　调整对象位置

（25）新建图层 6。

（26）在工具箱中的选择"矩形选框工具"，在图层 6 中绘制一个矩形选区，如图 11-89 所示。

（27）将矩形选区填充值为"C：31；M：48；Y：0；K：40"的颜色，按"Ctrl＋D"组合键取消选区，效果如图 11-90 所示。

图 11-89　绘制矩形选区

图 11-90　填充前景色

（28）新建图层 7。

（29）在工具箱中选择"自定形状工具"，在选项栏上单击"形状"右侧的三角形按钮，在弹出列表中选择"装饰 5"形状，如图 11-91 所示。

（30）用鼠标在图形列表中拖出选定的形状到如图 11-92 所示的位置。

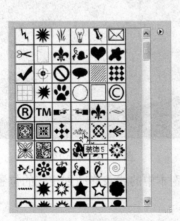

图 11-91　选择形状

图 11-92　绘制形状

（31）执行"编辑"→"变换路径"→"垂直翻转"命令，将图层路径垂直翻转。

（32）用鼠标右键单击图层空白处，在弹出的快捷菜单中选择"栅格化图层"命令，将图层进行栅格化处理，以便于填充颜色。

（33）按住"Ctrl"键，单击图层 7 缩略图，将路径转换为选区，如图 11-93 所示。

（34）选择"渐变工具"，单击选项栏中的"对称渐变"按钮，设置渐变的颜色从左到右为"C：33；M：79；Y：0；K：0"、"C：10；M：0；Y：83；K：0"、"C：33；M：79；Y：0；K：0"，如图 11-94 所示，单击"确定"按钮。

图 11-93　将路径转换为选区

图 11-94　"渐变编辑器"对话框

（35）如图 11-95 所示，用鼠标在选区上从左到右拖动，按"Ctrl＋D"组合键取消选区，得到如图 11-96 所示的渐变效果。

图 11-95　从左到右拖动填充渐变

图 11-96　渐变效果

（36）选择"文字工具"，在"字符"面板中设置文字的样式、大小和颜色，具体设置如图 11-97 所示，其中颜色值为"C：10；M：0；Y：83；K：0"。然后用鼠标在画面上单击并输入文字"[首期]"，效果如图 11-98 所示。

图 11-97　"字符"面板　　　　　　　　　　　　图 11-98　输入文字

（37）继续选择"文字工具"，在"字符"面板中设置文字的样式、大小和颜色，具体设置如图 11-99 所示，其中颜色为"白色"。然后用鼠标在画面上单击并输入文字"源"，效果如图 11-100 所示。

图 11-99　"字符"面板　　　　　　　　　　　　图 11-100　输入文字

（38）用鼠标右键单击"源"文字图层，在弹出的快捷菜单选择"栅格化文字"命令，将文本图层转换为普通图层。

（39）选择工具箱中的"套索工具"，在"源"字的右下方的点外围勾选一个选区，然后按"Delete"键删除选区上的内容，如图 11-101 所示。然后按"Ctrl+D"组合键取消选区。

（40）选择工具箱中的"钢笔工具"〔ₔ，在点处绘制一个闭合路径，如图 11-102 所示。

图 11-101　删除选区内容

图 11-102　绘制闭合路径

（41）单击"路径"面板下方的"将路径转换为选区"按钮，将路径转换为选区，并填充"白色"。取消选区后效果如图 11-103 所示。

（42）按住"Ctrl"键单击"源"图层，调出该图层的选区。

（43）选择"渐变工具"，选择"线性渐变"，设置渐变颜色从左到右为"C：61；M：0；Y：97；K：0"、"C：21；M：84；Y：0；K：0"，如图 11-104 所示，单击"确定"按钮。

图 11-103　将路径转换为选区并填充白色

图 11-104　"渐变编辑器"对话框

（44）用鼠标在选区上从左到右拖动，取消选区后得到如图 11-105 所示的渐变效果。然后适当调整文字位置。

（45）单击"图层"面板下方的"添加图层样式"按钮，在弹出的菜单中选择"混合选项"命令，在"图层样式"对话框中，勾选"投影"复选框，设置投影的各项参数，具体设置如图 11-106 所示。其中投影颜色为"黑色"。

图 11-105　渐变效果　　　　　　　　　　　图 11-106　"投影"样式

（46）继续勾选"描边"复选框，按如图 11-107 所示设置描边的各项参数，其中阴影颜色为"白色"。

（47）单击"确定"按钮，得到如图 11-108 所示的图层样式效果。

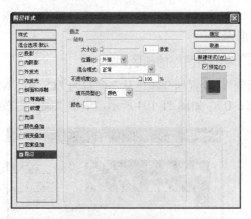

图 11-107　"描边"样式　　　　　　　　　　图 11-108　图层样式效果

（48）选择"文字工具"，按如图 11-109 所示设置文字的样式、大小和颜色，其中颜色值为"C：21；M：84；Y：0；K：0"。

（49）在如图 11-110 所示的位置处单击并输入一个符号"，"。

图 11-109　"字符"面板　　　　　　　　　　图 11-110　输入符号

（50）按住"Alt"键用鼠标拖动"源"图层上的效果至"，"图层上，此时将"源"图层上的样式效果复制到了"，"图层上，如图 11-111 所示。最后得到如图 11-112 所示的画面效果。

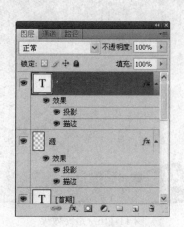

图 11-111　复制图层样式

图 11-112　图层样式效果

（51）选择"文字工具"，然后在如图 11-113 所示的"字符"面板上调整文字的样式、大小和颜色，其中颜色值为"C：21；M：84；Y：0；K：0"。

（52）用鼠标在画布上单击并输入文字"别墅"，然后复制"源"图层样式，效果如图 11-114 所示。

图 11-113　"字符"面板

图 11-114　复制图层样式效果

（53）继续输入其他所需的文本，效果如图 11-115 所示。

（54）招贴制作完成，最终效果如图 11-116 所示。

（55）执行"文件"→"存储"命令，保存"招贴"文件。

图 11-115　输入其余所需文字　　　　　　　　图 11-116　最终效果

11.3　产品广告设计——电脑广告

　　本节首先介绍广告的概念，然后通过一个案例进行具体应用。

11.3.1　广告含义

　　广告设计含义是通过图形把计划表示出来。广告设计是一种构思与计划及把这构思与计划通过一定的手段使之视觉化的形象创作过程。广告设计，若从空间概念界定，泛指现有的各种以长、宽二维形态传达视觉信息的各种广告媒体的广告；若从制作方式界定，则可分为印刷类、非印刷类和电子类 3 种形态；若从使用场所界定，又可分为户外、户内及可携带式 3 种形态。

　　产品的广告设计，需强化产品的差别化利益，并衍生新的产品概念来支持品牌继续发展。具体广告诉求表现为：凸显品牌个性，更加注重推广人群的心灵感受，更能体现出产品特色，反映产品消费受众面。

11.3.2　实例演练

　　本例制作的是电脑广告，效果如图 11-117 所示。

图 11-117 完成的广告效果

运用的主要知识点有：使用单行/单列和矩形选框工具绘制选区、图层的复制、图层混合模式和不透明度值的调整、魔棒抠图、反选选区。

另外还运用了图层菜单中的"创建图层"命令将投影样式分离，作为单独图层进行编辑。

具体步骤如下。

（1）启动 Photoshop CS4，新建一个"广告"文件。

（2）执行"文件"→"打开"命令，在"打开"对话框中，选择一个背景素材文件，单击"打开"按钮，打开文件，如图 11-118 所示。

使用"移动工具"将其背景图形移至"广告"文件中，生成图层 1，如图 11-119 所示。按"Ctrl＋T"组合键调整素材图形的大小，使其与"广告"文件大小相同，按"Enter"键确认。

图 11-118　选择并打开背景素材

图 11-119　调整素材图形的大小

（3）新建一个图层 2。

（4）选择工具箱中的"单列选框工具"，在选项栏中单击"添加到选区"按钮，如图 11-120 所示，垂直绘制一组单列选区。

（5）按"Ctrl＋Delete"组合键填充背景色，按"Ctrl＋D"组合键取消选区，效果如图 11-121 所示。

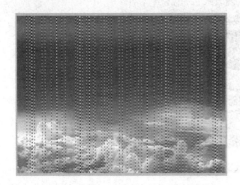 

图 11-120　绘制单列选区组　　　　　　　　　图 11-121　填充背景色

（6）如图 11-122 所示，设置图层 2 的混合模式为"叠加"，得到如图 11-123 所示的效果。

图 11-122　"图层"面板　　　　　　　　　图 11-123　调整混合模式后的效果

（7）新建一个图层 3。

（8）选择工具箱中的"单行选框工具"，在选项栏中单击"添加到选区"按钮，用鼠标在如图 11-124 所示的位置绘制一组水平选区。

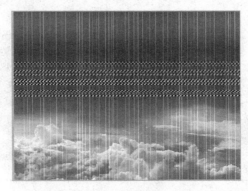

图 11-124　绘制单行选区组

（9）按"Ctrl＋Delete"组合键填充背景色，按"Ctrl＋D"组合键取消选区，如图 11-125 所示，调整该图层的"不透明度"值为"70％"，得到如图 11-126 所示的效果。

图 11-125　调整该图层的不透明度

图 11-126　调整图层不透明度后的效果

（10）新建一个图层 4。

（11）选择工具箱中的"矩形选框工具"，在选项栏上单击"添加到选区"按钮，用鼠标在背景素材图形上绘制一组矩形选区，如图 11-127 所示。

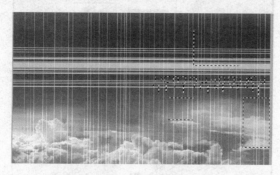

图 11-127　绘制矩形选区组

（12）执行"编辑"→"描边"命令，在"描边"对话框中设置描边的各项参数值，其中描边颜色为"白色"，具体设置如图 11-128 所示，单击"确定"按钮。

（13）在"图层"面板上设置图层 4 的混合模式为"颜色减淡"，"不透明度"值为"90％"，如图 11-129 所示。

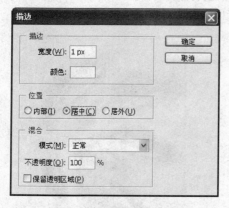

图 11-128　"描边"对话框

图 11-129　"图层"面板

调整后的效果如图 11-130 所示。

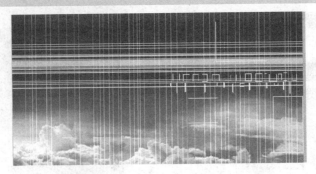

图 11-130 设置图层模式后的效果

（14）执行"文件"→"打开"命令，在打开的对话框中选择一个"羽毛"素材文件，单击"打开"按钮，将素材文件打开，如图 11-131 所示。

图 11-131 打开羽毛素材

（15）在工具箱中选择"魔棒工具"，在白色背景上单击，如图 11-132 的所示，出现一个选区，按"Ctrl＋Shift＋I"组合键反选选区，将羽毛选中，如图 11-133 所示。

图 11-132 素材

图 11-133 反选选区

（16）选择"移动工具"，将选区中的羽毛拖曳到"广告"文件中，生成图层 5，设置混合模式为"滤色"，"不透明度"值为"80％"，如图 11-134 所示。

（17）按"Ctrl＋T"组合键调整羽毛图形的大小、位置，效果如图 11-135 所示。

图 11-134 "图层"面板

图 11-135 调整大小和位置

（18）打开一个"电脑"素材文件。

（19）使用"移动工具"将其拖曳到"广告"文件中。如图 11-136 所示，设置图层混合模式为"明度"，效果如图 11-137 所示。

图 11-136 设置图层混合模式

图 11-137 调整混合模式后的效果

（20）单击"图层"面板下方的"添加图层样式"按钮，在弹出的菜单中选择"混合选项"命令，在"图层样式"对话框中勾选"投影"复选框，设置投影的各项参数，具体设置如图 11-138 所示。单击"确定"按钮，得到如图 11-139 所示的投影效果。

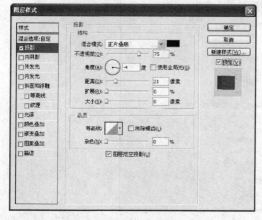

图 11-138 "投影"样式

图 11-139 投影效果

（21）执行"图层"→"图层样式"→"创建图层"命令，将投影与电脑分开，生成了单独的"'图层 6'的投影"图层，如图 11-140 所示。按"Ctrl＋T"组合键对其进行变换，调整其透视，效果如图 11-141 所示。

图 11-140　生成投影图层

图 11-141　调整图像透视

（22）如图 11-142 所示，设置"'图层 6'的投影"不透明度值为"30％"，得到如图 11-143 所示的效果。

图 11-142　设置图层不透明度值

图 11-143　调整不透明度值后效果

（23）执行"文件"→"打开"命令，打开一个"鱼儿"素材文件，如图 11-144 所示。

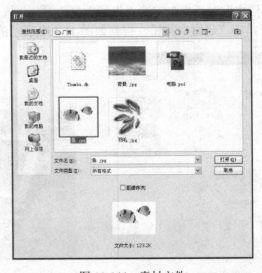

图 11-144　素材文件

（24）选择"魔棒工具"，在白色背景上单击，选中背景区域，如图 11-145 所示。按"Ctrl+Shift+I"组合键反转选区，将鱼选中，如图 11-146 所示。

图 11-145 选中背景区域

图 11-146 选中鱼

（25）选择"矩形选框工具"，在选项栏上单击"从选区中减去"按钮，拖动鼠标选中较大的鱼，使其从选区中移去。

（26）使用"移动工具"将选中的小鱼移动到"广告"文件中，如图 11-147 所示。在"图层"面板上生成图层 7，然后复制图层 7，如图 11-148 所示。

图 11-147 移动到"广告"文件中的鱼

图 11-148 复制图层

（27）按"Ctrl＋T"组合键对图层 7 副本中的内容进行自由变换，调整其位置、大小和方向。使用同样的方法制作出其他的鱼形图案，效果如图 11-149 所示。

图 11-149 调整副本图层对象

（28）选择工具箱中的"文字工具"，在"字符"面板上调整文字的样式、大小和颜色，如图 11-150 所示。用鼠标在画面上单击并输入所需的文字，效果如图 11-151 所示。

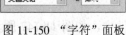

图 11-150 "字符"面板   图 11-151 最终效果

（29）至此，电脑广告制作完成。执行"文件"→"存储"命令，将制作完成的"广告"文件保存即可。

11.4 标志设计——春香园

标志是平面设计中比较重要的内容，本节首先介绍制作标志时需要了解的知识，随后用两个案例进行具体应用。

11.4.1 标志含义

标志的应用一直是 CIS 导入的基础和最直接的表现形式，其重要性是不言而喻的，作为独特的传媒符号，标志一直成为传播特殊信息的视觉文化语言。

标志，是表明事物特征的记号。它以单纯、显著、易识别的物象、图形或文字符号为直观语言，除标示什么、代替什么之外，还具有表达意义、情感和指令行动等作用。

标志设计不仅是实用物的设计，也是一种图形艺术设计。它与其他图形艺术表现手段既有相同之处，又有自己的艺术规律。它必须体现前述的特点，才能更好地发挥其功能。

由于对其简练、概括、完美的要求十分苛刻，即要成功到几乎找不至更好的替代方案的程度，其难度比其他任何图形艺术设计都要大得多。

（1）设计应在详尽明了设计对象的使用目的、适用范畴及有关法规等有关情况和深刻领会其功能性要求的前提下进行。

（2）设计需充分考虑其实现的可行性，针对其应用形式、材料和制作条件采取相应的设计手段。同时还要顾及应用于其他视觉传播方式（如印刷、广告、映像等）或放大、缩小时的视觉效果。

（3）设计要符合作用对象的直观接受能力、审美意识、社会心理和禁忌。

（4）构思需慎重推敲，力求深刻、巧妙、新颖、独特，表意准确，能经受住时间的考验。

（5）构图要凝练、美观、适形（适应其应用物的形态）。

（6）图形、符号既要简练、概括，又要讲究艺术性。

（7）色彩要单纯、强烈、醒目。

（8）遵循标志艺术规律，创造性的探求恰切的艺术表现形式和手法，锤炼出精当的艺术语言使设计的标志具有高度整体美感、获得最佳视觉效果，是标志设计艺术追求的准则。

11.4.2 实例演练一：翡翠坊

本节制作的是翡翠坊的标志，效果如图 11-152 所示。

图 11-152 完成的标志效果

运用的主要知识点有：魔棒抠图、变换对象、调出图层选区、文本工具及复制图层样式的应用。

另外还运用了图层样式中的投影、斜面和浮雕、渐变叠加样式制作特效。

（1）新建一个标题为"标志"文件。

（2）单击"前景色"，在"拾色器"对话框中设置颜色值为"C：100；M：0；Y：100；K：10"，单击"确定"按钮，按"Alt＋Delete"组合键填充前景色，效果如图 11-153 所示。

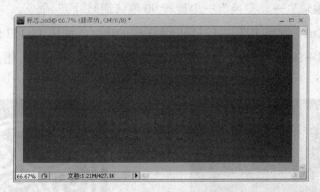

图 11-153 填充前景色

（3）执行"文件"→"打开"命令，在打开的对话框中选择一个素材文件，单击"打开"按钮，打开素材文件，如图 11-154 所示。

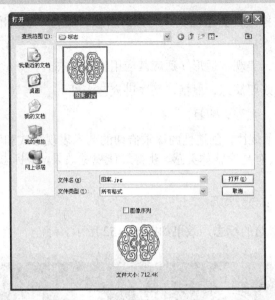

图 11-154　选择素材文件

选择工具箱中的"魔棒工具"，在选项栏上单击"添加到选区"按钮，然后在右侧图案上的红色区域进行魔棒选取，效果如图 11-155 所示。

（4）使用"移动工具"将选区内容拖到"标志"文件中，如图 11-156 所示。

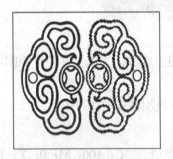

图 11-155　魔棒选取

图 10-156　添加素材

（5）执行"编辑"→"变换"→"旋转 90 度（逆时针）"命令。

（6）按住"Ctrl"键单击图层 1，调出该图层的选区，如图 11-157 所示。

（7）按"Ctrl＋Delete"组合键填充背景色，然后按"Ctrl＋D"组合键取消选区，效果如图 11-158 所示。

图 11-157　调出选区

图 11-158　填充背景色

（8）单击"图层"面板下方的"添加图层样式"按钮，在弹出的菜单中选择"混合选项"命令，在"图层样式"对话框中勾选"投影"复选框，按如图 11-159 所示设置投影的各项参数，其中投影颜色值为"C：90；M：40；Y：80；K：36"。

（9）继续勾选"斜面和浮雕"复选框，斜面和浮雕的各项参数设置如图 11-160 所示，其中阴影颜色值为"C：90；M：36；Y：79；K：28"。

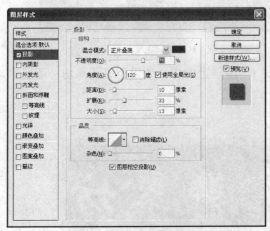
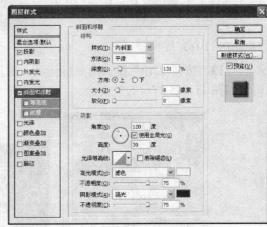

图 11-159　"投影"样式　　　　　　　　　图 11-160　"斜面和浮雕"样式

（10）继续勾选"渐变叠加"复选框，按如图 11-161 所示设置渐变叠加的各项参数，其中渐变颜色从左到右为"C：69；M：0；Y：860；K：0"和"白色"。

（11）单击"确定"按钮，得到如图 16-162 所示的图层样式效果。

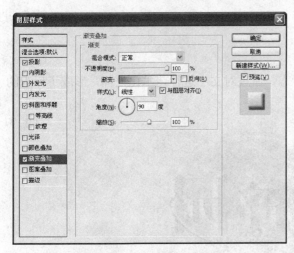

图 11-161　"渐变叠加"样式　　　　　　　图 11-162　图层样式效果

（12）选择工具箱中的"文字工具"，在"字符"面板上调整文字的样式、大小和颜色，如图 11-163 所示。用鼠标在画面上单击并输入文字"翡翠坊"，效果如图 11-164 所示。

图 11-163 "字符"面板

图 11-164 输入文字

（13）按住"Alt"键，用鼠标拖动"图层 1"图层上的样式效果至"翡翠坊"图层上，得到如图 11-165 所示的效果。

图 11-165 复制图层样式效果

（14）至此，翡翠坊标志制作完成。最后执行"文件"→"存储"命令，将制作完成的"标志"文件保存即可。

11.4.3 实例演练二：春香园

本节将制作一个如图 11-166 所示的标志，通过对文字进行艺术化处理，形成了标志的效果。

图 11-166 制作完成的标志效果

运用的主要知识点有：使用"新建"命令新建文件；使用矩形工具、椭圆选框工具、钢笔工具绘图；使用栅格化文字及图层样式中的投影、内发光、描边等命令制作文字特效。

具体操作步骤如下。

（1）启动 Photoshop CS4，新建一个"春香园"文件。

（2）设置前景色的颜色为"C：12；M：6；Y：8；K：0"，按"Alt＋Delet"组合键填充前景色。

（3）设置前景色为"绿色"，选择工具箱中的"矩形工具"，在选项栏上单击"形状图层"按钮，如图 11-167 所示。

图 11-167 单击"形状图层"按钮

（4）用鼠标在背景图层上绘制一个矩形，效果如图 11-168 所示。

（5）新建一个图层 1。

（6）选择"椭圆选框工具"，继续绘制一个椭圆选区，并填充前景色，效果如图 11-169 所示。

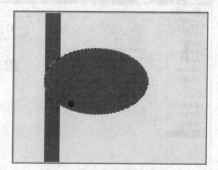

图 11-168 绘制一个矩形　　　　　　图 11-169 绘制一个椭圆

（7）按"Ctrl＋T"组合键对椭圆图形进行旋转变换，如图 11-170 中的左图所示。按"Enter"键确定，得到图 11-170 中的右图效果。

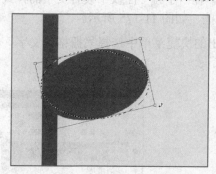
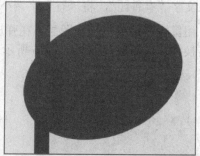

图 11-170 旋转变换

（8）单击"图层"面板下方的"添加图层样式"按钮，在弹出的菜单中选择"混合选项"命令。

（9）在"图层样式"对话框中勾选"投影"复选框，按如图 11-171 所示设置投影的各项参数。

（10）继续勾选"内发光"复选框，按如图 11-172 所示设置内发光的各项参数。

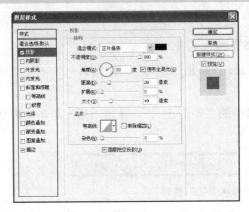

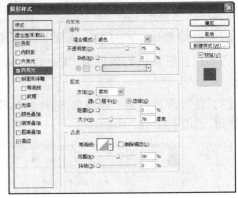

图 11-171 "投影"样式   图 11-172 "内发光"样式

（11）继续勾选"描边"复选框，按如图 11-173 所示设置描边的各项参数，其中描边颜色为"白色"。单击"确定"按钮，得到如图 11-174 所示的图层样式效果。

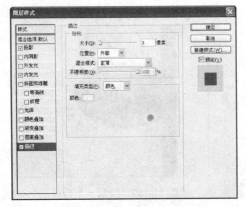

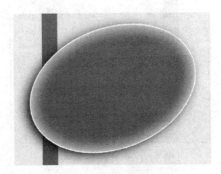

图 11-173 "描边"样式   图 11-174 图层样式效果

（12）选择"文字工具"，在画面上单击，在"字符"面板中设置文字的样式、大小和颜色并输入文字"春香园"，将"香"字调小些，如图 11-175 所示。

（13）用鼠标右键单击文字图层，在弹出的快捷菜单中选择"栅格化文字"命令，将文字图层转换为普通图层，如图 11-176 所示。

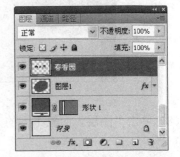

图 11-175 输入文字   图 11-176 栅格化文字层

（14）选择"矩形选框工具"，将"春"字下方需要删除的部分框选，如图 11-177 所示。按"Delete"键删除选区内容，然后取消选区，效果如图 11-178 所示。

图 11-177　选择需要删除的部分　　　　图 11-178　删除指定区域

（15）新建图层 2，设置前景色为"黑色"。

（16）选择"钢笔工具"，在如图 11-179 所示的位置绘制一个闭合路径并为该路径填充前景色，效果如图 11-180 所示。

在"图层"面板中将"图层 2"移动到"春香园"图层的下方，如图 11-181 所示。

图 11-179　钢笔绘图　　　图 11-180　填充前景色　　　图 11-181　调整图层的位置

（17）新建图层 3，在如图 10-182 所示的位置绘制一个闭合路径，并为该路径填充前景色，效果如图 11-183 所示。

图 11-182　钢笔绘图　　　　　　　　　图 11-183　填充前景色

（18）打开一个"树叶"素材文件，如图 11-184 所示。

（19）使用"魔棒工具"将叶子图形抠取，并移至"春香园"文件中的"香"字上端，调整大小后，效果如图 11-185 所示。

图 11-184　素材　　　　　　　　　　　　　图 11-185　调整叶子的位置和大小

（20）选择叶子图形所在的图层 4，单击"图层"面板下方的"添加图层样式"按钮，在弹出的菜单中选择"混合选项"命令。

（21）在"图层样式"对话框中勾选"投影"复选框，按如图 11-186 所示设置投影的各项参数，其中投影颜色值为"白色"。单击"确定"按钮，得到如图 11-187 所示的投影效果。

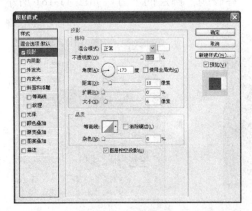

图 11-186　"投影"样式　　　　　　　　　　图 11-187　投影效果

（22）按住"Alt"键，用鼠标拖动"图层 4"上的效果至"春香园"图层、"图层 2"和"图层 3"上，添加图层样式的效果如图 11-188 所示。

图 11-188　复制图层样式效果

（23）新建一个图层 5。

（24）使用"钢笔工具"在如图 11-189 所示的位置绘制一组闭合路径并为其填充颜色值为"C：0；M：94；Y：18；K：0"的前景色，效果如图 11-190 所示。

图 11-189 钢笔绘图

图 11-190 填充路径

（25）打开"图层样式"对话框，勾选"投影"复选框，按如图 11-191 所示设置投影的各项参数。

（26）继续勾选"描边"复选框，按如图 11-192 所示设置描边的各项参数，其中描边颜色值为"C：25；M：0；Y：87；K：0"。

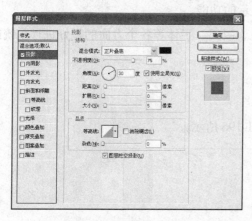

图 11-191 "投影"样式   图 11-192 "描边"样式

（27）单击"确定"按钮，得到如图 11-193 所示的图层样式效果。

（28）选择工具箱中的"文字工具"并在画布上单击，然后在如图 11-194 所示的"字符"面板中设置好文字的样式、大小和颜色并输入文字后的效果如图 11-195 所示。

图 11-193 图层样式效果   图 11-194 "字符"面板   图 11-195 最终效果

至此，一个标志就制作完成了。

11.5 个人网页设计——箐箐空间

个人网页设计日益成为人们日常生活中的一部分，本节通过一个案例学习制作富有个性的个人网页的方法和技巧。

11.5.1 个人网页设计

个人网页是互联网中色彩最为绚丽的风景。个人网页中提供了充分展示个人的空间，可以说多姿多彩的个人网页就是互联网的基石。互联网正是因为亿万人的参与才会变得如此丰富，也正是因为有不同的个体加入才使得互联网深深植根于人们的日常生活中。

个人网页没有一个严格的规则，它的版式是自由式的。个人网页的设计是所有构成元素共同作用的结果，个人网页的设计风格是一个人性格的综合体现。

个人网页的对象是一个个体的人，在进行个人网页设计制作时，首先考虑的是如何将个体的特性展现出来，起到自我宣传、自我展示的功能。

在个人网页设计之前，应根据个人对颜色、版式、字体等各个方面的喜好进行系统的规划，制作出具有自我独特风格的个人网页。

11.5.2 实例演练

本例制作的是一个个人网页，效果如图 11-196 所示。

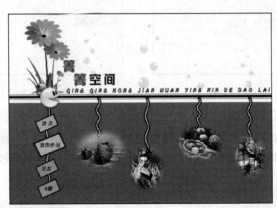

图 11-196　完成的网页效果

运用的主要知识点有：矩形工具、图形变换、描边选区、钢笔绘图、图层混合模式的调整。

具体步骤如下。

（1）启动 Photoshop CS4，新建一个"网页"的文件。

（2）新建一个图层 1。

（3）使用"矩形选框工具"在如图 11-197 所示的位置绘制一个矩形选区，并填充值为"C：73；M：24；Y：100；K：0"的前景色，按"Ctrl＋D"组合键取消选区，效果如图 11-198 所示。

（4）新建一个图层 2。

（5）运用"矩形选框工具"在绿色矩形的上方继续绘制一个矩形选区，如图 11-199 所示。

（6）调整前景色为默认的"黑色"，按"Alt＋Delete"组合键填充前景色，按"Ctrl＋D"组合键取消选区，效果如图 11-200 所示。

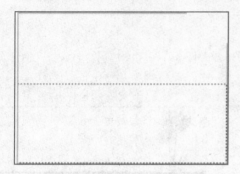

图 11-197　绘制一个矩形选区

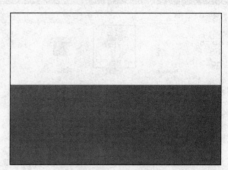

图 11-198　填充前景色

图 11-199　绘制矩形选区

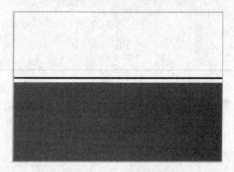

图 11-200　填充前景色

（7）单击"图层"面板下方的"添加图层样式"按钮，在弹出的菜单中选择"混合选项"命令。

（8）在"图层样式"对话框中，勾选"外发光"复选框，按如图 11-201 所示设置外发光的各项参数，其中投影颜色为"黑色"。单击"确定"按钮，得到如图 11-202 所示的外发光效果。

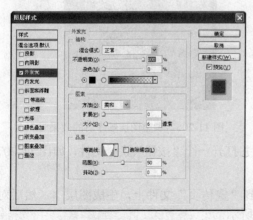

图 11-201　"外发光"样式

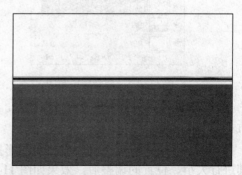

图 11-202　外发光效果

（9）执行"文件"→"打开"命令，在打开的对话框中选择并打开一个素材文件，如图 11-203 所示。

（10）使用"移动工具"将素材图形拖动到"宣传页"文件上，并对其进行大小、位置的调整后，效果如图 11-204 所示。

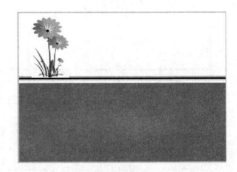

图 11-203　打开素材文件　　　　　　　　　　图 11-204　素材图像

（11）在"图层"面板中将"图层 3"移动到"图层 2"的下方，如图 11-205 所示。此时，画面的效果如图 11-206 所示。

图 11-205　调整图层顺序　　　　　　　　　图 11-206　调整图层顺序后的效果

（12）执行"文件"→"打开"命令，选择并打开一个"按钮"素材文件，如图 11-207 所示。

（13）使用"移动工具"将按钮图形拖动到"宣传页"文件上，生成图层 4，然后对其进行大小、位置的调整后，效果如图 11-208 所示。

（14）新建一个图层 5。

（15）选择工具箱中的"钢笔工具"，在按钮图形的下方绘制一个闭合路径，如图 11-209 所示。

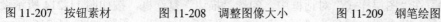

图 11-207　按钮素材　　　　图 11-208　调整图像大小　　　　图 11-209　钢笔绘图

（16）单击"路径"面板下方的"将路径转换为选区"按钮，得到的选区如图 11-210 所示。

（17）调整前景色的颜色值为"C：18；M：0；Y：84；K：0"，按"Alt＋Delete"组合键填充前景色，按"Ctrl＋D"组合键取消选区，效果如图 11-211 所示。

　　　图 11-210　将路径转换为选区　　　　　　　图 11-211　填充前景色

（18）在"图层"面板上拖动"图层 5"至"图层 2"的下方，如图 11-212 所示。此时画面效果如图 11-213 所示，上部分线条被按钮遮挡住了。

图 11-212　调整图层顺序　　　　　　　　图 11-213　调整后的果

（19）单击"图层"面板下方的"添加图层样式"按钮，在弹出的菜单中选择"混合选项"命令。

（20）在"图层样式"对话框中，勾选"描边"复选框，按如图 11-214 所示设置描边的各项参数，其中描边颜色为"黑色"。单击"确定"按钮，得到如图 11-215 所示的描边效果。

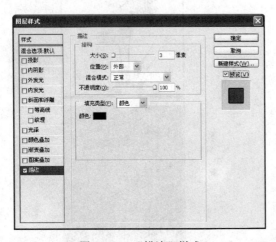

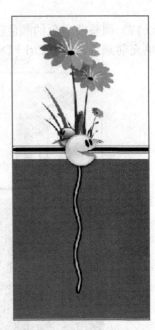

图 11-214　"描边"样式　　　　　　　　　图 11-215　描边效果

（21）按"Ctrl＋Alt"组合键复制并移动图层 5 内容，复制出其余 4 个副本图层，如图 11-216 所示。

（22）运用"变换"调整副本图层内容位置和大小，效果图 11-217 所示。

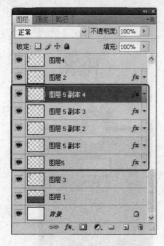

图 11-216　复制图层 5

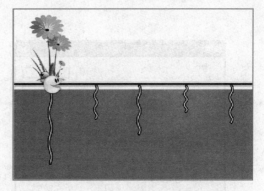

图 11-217　调整副本图层内容后的效果

（23）新建一个图层。

（24）使用"矩形选框工具"在如图 10-218 所示的位置绘制一个矩形选区。调整前景色的颜色为"C：38；M：6；Y：57；K：0"，按"Alt＋Delete"组合键填充前景色，效果如图 11-219 所示。

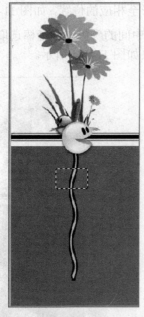

图 11-218　绘制矩形选区

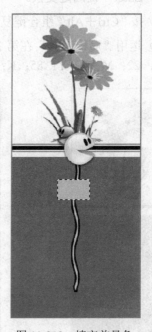

图 11-219　填充前景色

（25）用鼠标右键单击选区，在弹出的快捷菜单中选择"描边"命令。

（26）在"描边"对话框中设置描边的各项参数，具体设置如图 11-220 所示，其中描边的颜色为"黑色"。单击"确定"按钮，按"Ctrl＋D"组合键取消选区，得到如图 11-221 所示的描边效果。

 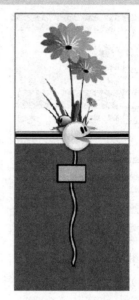

图 11-220 "描边"对话框　　　　　图 11-221　描边效果

（27）按"Ctrl＋T"组合键对其进行自由变换，用鼠标拖动右下角向上旋转，如图 11-222 所示，按"Enter"键确定变换。

（28）按"Ctrl＋Alt"组合键复制并移动 3 个该图形至相应的位置，如图 11-223 所示。

（29）运用"魔棒工具"在第 2 个矩形中单击，将中间的颜色进行魔棒选取，并填充值为"C：22；M：0；Y：85；K：0"的前景色，效果如图 11-224 所示。

图 11-222　旋转对象　　　　图 11-223　复制并移动对象　　　　图 11-224　填充前景色

（30）使用同样的方法将第 3 个矩形的中间的颜色调整为"C：48；M：26；Y：0；K：0"，将第 4 个矩形的颜色调整为"C：32；M：47；Y：0；K：0"，效果如图 11-225 所示。

（31）单击第 2 个矩形所在的图层，选中该图层，然后对其进行大小变换，效果如图 11-226 所示。

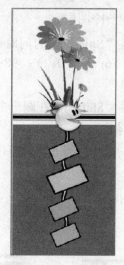

图 11-225　填充前景色　　　　　　　　图 11-226　调整大小

（32）分别打开 4 个素材图像文件，使用"移动工具"将其移动到"网页"文件中，调整位置和大小后的效果如图 11-227 所示。

（33）选中第一幅素材所在"图层 7"。

（34）选择工具箱中的"椭圆选框工具"，在选项栏中设置羽化值为"10"，用鼠标在图像上绘制一个椭圆选区，如图 11-228 所示。

图 11-227　添加素材　　　　　　　　　图 11-228　绘制椭圆选区

（35）按"Ctrl＋Shift＋I"组合键反选选区，然后按"Delete"键删除选区内容，效果如图 11-229 所示。

（36）用同样的方法将其余 3 幅素材图像进行编辑，效果如图 11-230 所示。

图 11-229　删除选区内容　　　　　　　图 11-230　编辑图像后的效果

（37）新建一个图层。

（38）按住"Shift"键的同时用"椭圆选框工具"在画面上绘制一个圆形选区，并填充值为"C：56；M：0；Y：98；K：0"的前景色，效果如图 11-231 所示。然后取消选区。

（39）按住"Shift"键在圆形中再绘制一个圆形选区，按"Delete"键删除选区内容，效果如图 11-232 所示。

（40）复制出 4 个圆形，调整位置、大小、方向后的效果如图 11-233 所示。

 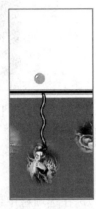 

图 11-231　绘制圆形选区　　图 11-232　删除选区内容　　图 11-233　复制出 4 个圆形
　　　　　并填充前景色

（41）在"图层"面板上将 4 个副本图层和原图层全部选中，按"Ctrl＋E"组合键合并图层，然后调整合并后的图层不透明度值为"30％"。

（42）按"Ctrl＋Alt"组合键复制并移动 3 个合并图层内容至相应的位置，并运用"自由变换"对 3 个副本图层内容进行大小、位置和方向的调整，效果如图 11-234 所示。

图 11-234　复制并移动对象

（43）选择工具箱中的"文字工具"并在画面上单击，在"字符"面板上调整文字的样式、大小和颜色，具体设置如图 11-235 所示，其中颜色值为"C：0；M：93；Y：3；K：0"。

（44）输入文字"箐"，按"Ctrl＋Alt"组合键复制并移动"箐"字至相应的位置，效果如图 11-236 所示。

图 11-235　"字符"面板　　　　　图 11-236　复制并移动文字

（45）选择工具箱中的"文字工具"并在画面上单击，然后在"字符"面板上调整文字的样式、大小和颜色，具体设置如图 11-237 所示，其中颜色值为"黑色"。

（46）输入文字"空间"，效果如图 11-238 所示。

图 11-237　"字符"面板　　　　　图 11-238　输入文字

（47）用同样方法添加其余所需的文本。至此，"箐箐空间"个人网页制作完成，最终效果如图 11-239 所示。

（48）最后执行"文件"→"存储"命令，将制作完成的"网页"文件保存即可。

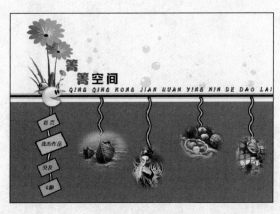

图 11-239　最终效果

反侵权盗版声明

电子工业出版社依法对本作品享有专有出版权。任何未经权利人书面许可，复制、销售或通过信息网络传播本作品的行为；歪曲、篡改、剽窃本作品的行为，均违反《中华人民共和国著作权法》，其行为人应承担相应的民事责任和行政责任，构成犯罪的，将被依法追究刑事责任。

为了维护市场秩序，保护权利人的合法权益，我社将依法查处和打击侵权盗版的单位和个人。欢迎社会各界人士积极举报侵权盗版行为，本社将奖励举报有功人员，并保证举报人的信息不被泄露。

举报电话：（010）88254396；（010）88258888

传　　真：（010）88254397

　E-mail：dbqq@phei.com.cn

通信地址：北京市万寿路 173 信箱

　　　　　电子工业出版社总编办公室

邮　　编：100036